因需求而製作の
# 日常好用手作包

附原寸紙型

日本VOGUE社◎授權

# Contents

# 手作包的基礎

製作包包的布材種類多不勝數，若能在開始縫製之前
事先了解其特性與縫製重點，就能更順暢地進行作業。

---

**布料** ○適合製作包包的布料

以下為本書作品使用的推薦布料。

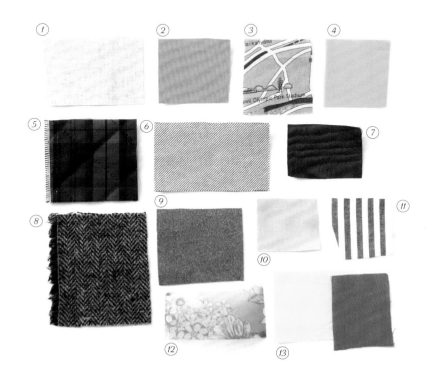

---

① **亞麻布**⋯以亞麻的纖維為原料織成的布材。富有強度，特色
是柔軟強韌，具有吸水性、速乾性也非常優異。

② **帆布**⋯以較粗的織線緊密編織而成的堅固布料，號數越小代
表越厚，因此以家用縫紉機車縫時，推薦11號左右的帆布。

③ **牛津布**⋯厚薄恰到好處的棉布，常用於製作男性襯衫等。

④ **尼龍牛津布**⋯以尼龍線織成有張力的布料，也有製成防撥水
加工的材質。

⑤ **尼龍壓線布**⋯在兩片尼龍布之間夾車鋪棉的布料。

⑥ **斜紋布**⋯斜向織紋的織布總稱，具有恰到好處的厚度。

⑦ **波紋綢（moire）**⋯表面有波紋或木紋花樣的布料。

⑧ **斜紋軟呢**⋯以粗梳羊毛製成的毛織品，具有樸實溫暖的風
格。上圖為人字紋的款式。

⑨ **仿麂皮**⋯將皮革的表面經油鞣法制成絨面革代替麂皮的面
料。上圖是以人造纖維的素材製成仿麂皮的人造皮革。

⑩ **棉緞**⋯純棉材質的朱子織布料。表面溫潤細滑有光澤，推薦
用於正式場合使用的包款。

⑪ **輕鬆燙接著襯**⋯印花布料背面附有背膠的布料。不想製作裡
袋身時，可直接作為接著襯使用，使內袋也能擁有完整感的
美感。

⑫ **印花硬紗**⋯可呈現如紗窗上紗網般的張力，是以聚酯纖維製
成的紗網素材。

⑬ **密織平紋布**⋯平織的普通布料。手感柔軟，富有光澤的棉布
素材。

---

**關於本書的符號記載**

● 本書作法頁中無特別指定說明時，數字單位皆以（cm）。
● 材料的用量尺寸皆以（幅寬×長度）的順序記載。
● 口金尺寸以（幅寬×高度）的順序記載。尺寸後為品牌名＆型
號。
● 使用有方向性的印花布，或需要對齊花樣的情況時，或有改變
尺寸用量的必要，請特別小心注意。

## ◎ 其他推薦材質

嘗試使用特殊材質，也能為手作包增添別具個
性的魅力。

① **合成皮革**…將織物或不織布的表面塗上合成樹脂，作出
　類似皮革質感的布料。

② **泰維克（Tyvek®）**…質感如紙一般，但不易破損，是非
　常輕巧的特殊素材。也常用於製作防塵服或農業用途。

③ **PVC夾網布**…將基布＆合成樹脂膜以如夾三明治般的方
　式加工製作而成，是桌墊布或旗幟等的常用素材。

④ **防水布**…布料表面經防水加工處理的布料，防水性能非
　常優秀。

⑤ **家飾布**…主要用於窗簾、家具、寢具等室內裝飾用的較
　厚布料，因此寬幅也較一般布料寬。

⑥ **人造皮草**…毛根較長，是人工仿製的素材。

※杜邦™泰維克。是美國杜邦公司註冊登記的產品商標。

## ◎ 車縫方式的重點

### 《合成皮革・防水布・PVC夾網布》

矽利康潤滑筆
＋
塑膠壓布腳

▶

普通方式
車縫

矽利康潤滑筆　塑膠壓布腳

**重疊數層布料時**

車縫重疊數層的皮革布料
時，普通的車縫針容易斷
掉、也較容易斷線。因此須
配合布料材質，更換16號等
較粗的車針來車縫。

車縫表面經樹脂等防水加工的布料時，容易因沾黏縫紉機的壓布腳而車不動，
因此必須使用可以輔助順利送布的道具。將矽利康潤滑筆塗在表布、針、壓布腳上，
或換上不易沾黏的樹脂製塑膠壓布腳，都有利於防水材質布料的車縫。

### 《難以穿刺＆會留下針孔的布料》

疏縫固定夾

合成皮革、人造皮
草、聚乙烯纖維等材
質，使用珠針會留下
針孔，也因為太厚難
以固定，因此非常推
薦使用疏縫固定夾。

### 《人造皮草》

以錐子將毛根集中壓往表面，自背面車縫。翻回正面時，再以錐子挑出被車
縫線壓住的毛根，整理表面毛流。

## 關於工具　手作包的基本必備工具。

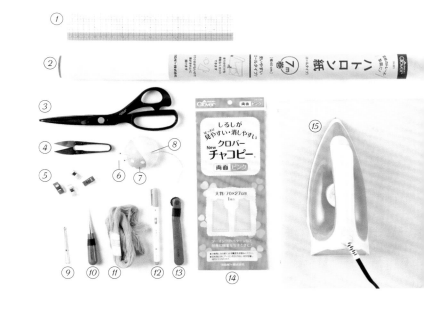

① **方格尺**…建議挑選約30cm的長度，尺上畫有方格線的款式較方便使用。

② **白報紙**…描繪紙型用的薄紙。

③ **布剪**…剪布用的剪刀。若剪布料以外的物品，會傷害刀刃鋒利度，請特別小心注意。

④ **紗剪**…剪線頭用的手握式剪刀。

⑤ **疏縫固定夾**…推薦使用於尼龍防水布等，不適合使用珠針的布料。

⑥ **珠針**…暫時固定兩片以上的布料時使用。

⑦ **針插**…停針時，將針插放在針插上。

⑧ **手縫針**…縫合返口等開口處時使用。

⑨ **穿繩器**…讓繩子容易穿過孔洞的工具。

⑩ **錐子**…整理邊角的形狀＆輔助細工作業都非常便利。

⑪ **疏縫線**…縫合容易滑動移位的材質時，推薦先疏縫固定再進行縫合。

⑫ **記號筆**…於布料上描繪記號時使用。有水消式＆自然消失的氣消式可供選擇。

⑬ **點線器**…與布用複寫紙搭配使用，請準備刀刃為波浪狀的樣式。

⑭ **布用複寫紙（雙面型）**…將布用複寫紙夾於布料之間，從上方以點線器壓印作記號。

⑮ **熨斗＆燙衣板**…燙摺縫份＆燙平皺褶，是作出漂亮作品不可欠缺的工具。

---

## 接著襯　用於補強、預防袋體變形，請於指定的布材內側貼上接著襯。

### 《手作包常用的推薦接著襯》

| 織布型 | 不織布型 | 帶膠鋪棉 拼布棉襯 |
|---|---|---|
| 在單面或雙面加上接著膠的布襯。因具有布紋方向性，燙貼時須確認布襯＆布料的布紋方向一致。與布料的搭配性極佳，作品的觸感較柔軟。 | 無布紋方向，在單面或雙面加上接著膠的不織布襯。適用於大部分的布材，裁剪時也不須特別注意方向，作品的觸感較硬挺。 | 帶膠鋪棉是將鋪棉弄薄拉長，在單面或雙面加上接著膠。手藝用拼布棉則內含不織布的成分。兩者皆可作出觸感蓬鬆＆兼具防撞性的作品。 |

### 《燙貼方法》

配合想要燙黏區塊大小，剪下接著襯。布料背面與接著襯帶膠面相對合，再放上助燙紙以熨斗壓燙。不要使用滑動的方式，而是施以重量逐區壓燙，並注意不可有漏燙的空隙，如此一來就能漂亮地完成貼合。

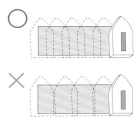

### 《關於縫份》

使用薄布料時，縫份也可以全部貼滿接著襯。使用厚布料或燙貼鋪棉時，若全部燙襯會使縫份過厚難以處理，所以縫份不燙襯。

## 紙型 描繪附錄的原寸紙型,製作喜歡的包款吧!

### 《原寸紙型的描繪方式》

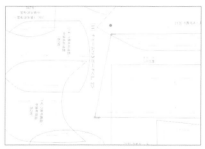

①將目標紙型的邊角,先以記號筆等作上記號。

②將白報紙重疊於紙型上面,將外側縫份線 & 內側完成線 & 合印記號等完整描繪下來。本書的紙型皆已內含縫份,不必再另外加上縫份。

### 無紙型的部件

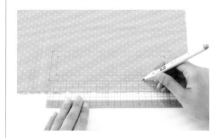

長方形等只須畫直線即可簡單繪製的部件,會有無原寸紙型的情況。此時參見裁布圖上標示的尺寸,直接於布料上畫線 & 裁剪即可。

### 《作記號》

①在紙型的完成線上以錐子打洞,再重疊於布料上點畫記號。

②點對點連線,畫出完成線。

### 《布用複寫紙》

在背面相對疊合的布材之間夾入布用複寫紙,再沿紙型以點線器壓印出記號。

---

## 五金配件 袋口的固定五金或提把的固定釦等,在此熟悉手作包必學的五金配件安裝方法吧!

### 《磁釦》

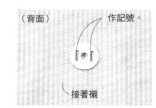

①將磁釦墊片放在布片背面的固定位置,再在釦腳穿入處畫上記號。

②將釦腳穿入處剪開。

③自布片正面穿入釦腳後,從布片背面套上墊片,再以鉗子將釦腳折往外側。

### 《固定釦》

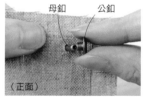

先以丸斬將布片穿孔。從布片背面穿入公釦後,從布片正面套上母釦,再放置於台座上 & 重疊上平凹斬,以木槌敲打至不會鬆動為止。

### 《雞眼釦》

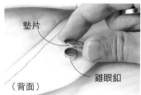

先以丸斬將布片穿孔。從布片正片穿入雞眼釦後,從布片背面套上墊片,再放置於台座上 & 重疊上釦斬,以木槌敲打至不會鬆動為止。

| 拉鏈 | 車縫拉鍊似乎代表著高難度的技巧。<br>但只要學會基本步驟，卻出乎意料地簡單容易！ |
|---|---|

## 《部位名稱》

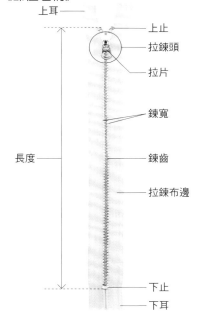

- 上耳
- 上止
- 拉鍊頭
- 拉片
- 鍊寬
- 長度
- 鍊齒
- 拉鍊布邊
- 下止
- 下耳

## 《主要的種類》

**VISLON®**
**塑鋼拉鍊**

拉鍊特色為樹脂製的大鍊齒。因為是樹脂材質，所以比相同鍊寬的金屬拉鍊輕量。

**FLATKNIT®**
**尼龍拉鍊**

樹脂製鍊齒×編織布的拉鍊布邊，輕薄柔軟為其主要特色。

**金屬**
**拉鍊**

鍊齒為金屬製的拉鍊。鍊齒與拉鍊頭的顏色有金色、銀色、古銅金等選擇。

### 這裡也要注意

「可開式拉鍊」為左右可以分離型的拉鍊。

「雙頭拉鍊」有相對方向的兩個拉鍊頭。

## 《調整長度》

**尼龍拉鍊**

因為是柔軟的樹脂材質，所以使用剪刀便能輕易剪開。只要在需要的長度處進行止縫，防止左右分離，再將多餘的部分剪掉即可。

**塑鋼拉鍊&金屬拉鍊**

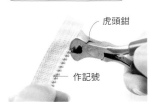

- 虎頭鉗
- 作記號

①以虎頭鉗或鉗子將上止取下，再小心地拔下拉鍊齒至需要的長度。

- 上止

②將上止夾回拉鍊布邊上，注意與第一個拉鍊齒之間不要有空隙。

- 平口鉗

③以鉗子壓平夾緊。

※調整塑鋼拉鍊時，拔下的上止無法再利用，所以請另外準備新的上止。

## 《一邊移動拉鍊頭一邊車縫》

**單邊壓布腳**

單邊是空的，壓布腳不會卡住鍊齒，以便順利逐邊車縫拉鍊。

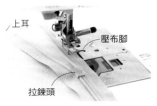

- 上耳
- 壓布腳
- 拉鍊頭

①車縫拉鍊時，將拉鍊稍微拉開，從上耳側開始車縫至拉鍊頭前面時，放下車針停止車縫，往上抬起壓布腳。

②拉住拉片，將拉鍊頭往壓布腳的上側移動。

③將拉鍊頭移至壓布腳碰不到的地方，再放下壓布腳繼續車縫。

# Part1 百搭型的包款

本單元將重點介紹托特包與肩背包等,方便使用的基本袋型。
請先參見step by step作法圖解,學習&熟悉手作包的基礎製作吧!

## 托特包

## 1

### 基本包型,可以收納A4尺寸的大小
### 基本款托特包

內外各有一個口袋的托特包。請跟著步驟圖
解進行製作,從中學習接縫提把&縫合內袋
等基礎工序吧!

How to make P.10
design & make:komihinata 杉野未央子

提把可掛在手上的舒適長度。

擁有滿足整潔收納需求的6個口袋。

$2$

包內雜物可以妥善地分類整理
## 多隔層托特包

附有兼具拉鍊口袋功能的包內隔間，可以隱
密收納貴重物品，也能輕鬆整理包內物品。
拉鍊隔間兩側的小口袋，則在收納細節上提
供了更多的選擇性。

How to make P.10
design & make：komihinata 杉野未央子

材料

①
- 牛津布（塗鴉）… 60×40cm
- 牛津布（黃色）… 75×75cm
- 8號帆布（原色）… 42×28cm
- 接著襯 … 45×40cm
- 寬3cm的織帶 … 70cm×2條

②
- 棉麻帆布（北歐風圖案）… 100×50cm
- 亞麻布（黑色）… 50×75cm
- 8號帆布（黑色）… 42×28cm
- 棉布（細方格）… 32×34cm
- 薄丹寧布 … 42×62cm
- 接著襯 … 45×40cm
- 長30cm的尼龍拉鍊 … 1條
- 寬3cm的織帶 … 70cm×2條

完成尺寸

寬30×高25×側身10cm（不包含提把）

裁布圖

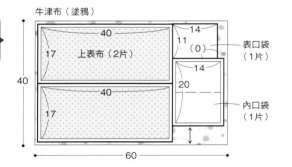

牛津布（塗鴉）

上表布（2片）　表口袋（1片）　內口袋（1片）

棉麻帆布（北歐風圖案）

上表布（2片）　表口袋（1片）　內口袋①（1片）　表隔間布（1片）　內口袋②（1片）

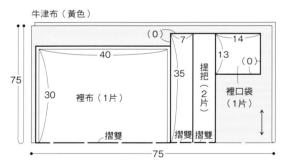

牛津布（黃色）

裡布（1片）　提把（2片）　裡口袋（1片）

亞麻布（黑色）

提把（2片）　裡口袋（1片）　口袋（1片）

8號帆布（黑色）

下表布（1片）

＊（　）內為縫份。
若無特別指定，縫份皆為1cm。
＊　　　　處須於背面燙貼接著襯。

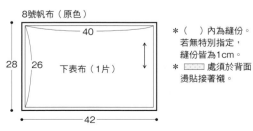

8號帆布（原色）

下表布（1片）

＊（　）內為縫份。
若無特別指定，
縫份皆為1cm。
＊　　　　處須於背面
燙貼接著襯。

棉布（細方格）

裡隔間布（1片）

薄丹寧布

裡布（1片）

## 1 基本款托特包 ※為了使作法清楚易懂，在此以紅色縫線進行縫製。

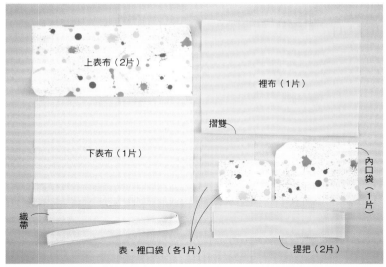

❶ 依各部件的指定片數裁布備用。

在上表布背面燙貼接著襯。

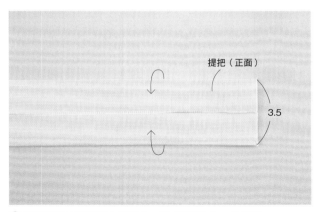

❷ 將提把布上下兩邊內摺對合，摺成寬幅3.5cm的布條。

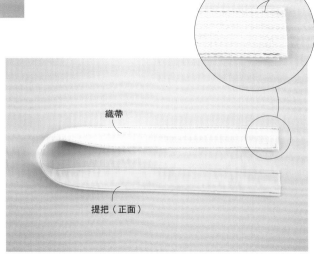

❸ 將步驟❷重疊上織帶，沿兩長邊車縫固定。另一條提把作法亦同。

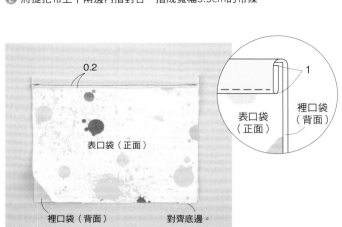

❹ 對齊表口袋＆裡口袋的底邊，再將裡口袋上方布邊三摺邊，包捲表口袋上方布邊＆車縫固定。

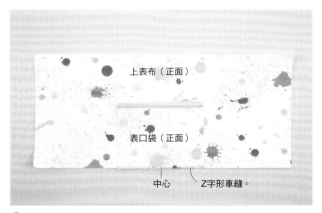

❺ 上表布＆口袋的中心對齊重疊，布邊Z字形車縫暫時固定。

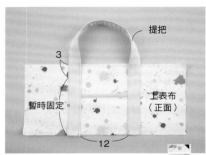

⑥ 將提把暫時固定於上表布。推薦使用手工藝布用口紅膠會非常便利唷！

手工藝布用口紅膠／Clover

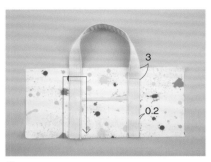

⑦ 保留距袋口布邊3cm的空間，重疊於步驟③的車縫線上，將提把以ㄇ字車縫固定。另一片上表布也以相同作法縫上提把。

⑧ 上表布＆下表布正面相對縫合。以相同作法接縫另一側上表布＆下表布。

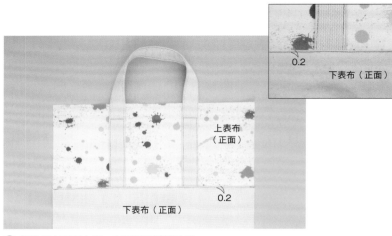

⑨ 縫份倒向下表布側，自正面車縫裝飾線。

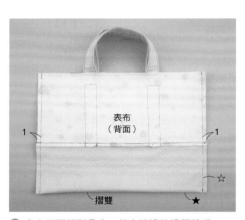

⑩ 表布正面相對疊合，縫合脇邊後燙開縫份。

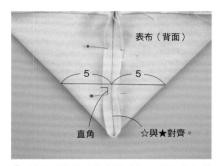

⑪ 對齊脇邊線（⑩☆記號）＆袋底中心線（⑩★記號），畫上與脇邊呈直角的側身記號線。

⑫ 車縫側身。

⑬ 剪去多餘的布，Z字形車縫布邊，再使縫份倒向上側。

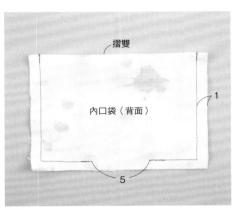

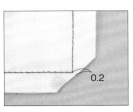

斜剪邊角多餘的縫份。

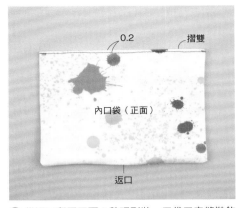

⑭ 內口袋正面相對疊合,預留返口後縫合。

⑮ 從返口翻回正面&整理形狀,口袋口車縫裝飾線。

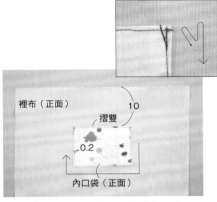

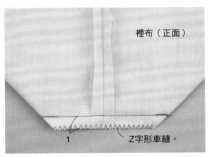

⑯ 對齊裡布的中心位置,疊放上口袋&車縫固定三邊。口袋口的脇邊如放大示意圖,須進行回縫補強。

⑰ 裡布正面相對疊合,縫合兩脇邊&燙開縫份。

⑱ 以⑪至⑬相同作法車縫側身。

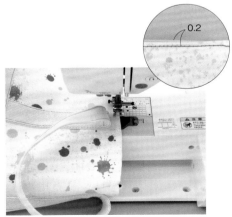

⑲ 表袋&內袋的袋口縫份沿完成線內摺,背面相對重疊套合後,以珠針固定袋口。

⑳ 避開提把,沿袋口壓線車縫一圈。

㉑ 完成!

**多隔層托特包　Point Lesson 內袋的作法**

※為了使作法清楚易懂，在此以紅色縫線進行縫製。
※表袋作法與作品1基本款托特包的步驟❶至❸相同。

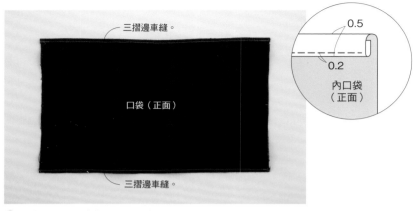

❶ 口袋的上下布邊往正面三摺邊後車縫固定。

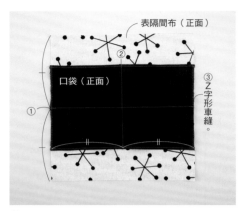

❷ 將口袋疊放於表隔間布中央，依袋底中心線→分隔線的順序車縫。兩側則以Z字形車縫暫時固定。

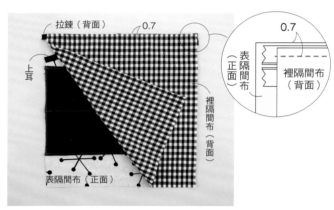

❸ 拉鍊&表隔間布正面相對疊合，再疊上裡隔間布，一邊拉開拉鍊頭一邊車縫固定（參見P.7）。

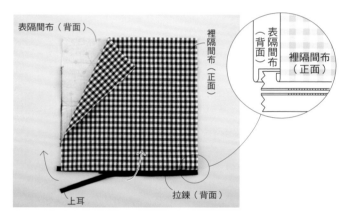

❹ 將表隔間布&裡隔間布翻回正面。

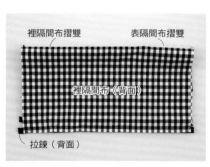

❺ 將表隔間布、裡隔間布各自正面相對疊合，夾住另一側的拉鍊布邊進行車縫。

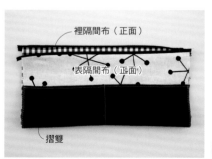

❻ 從脇邊翻回正面，將裡隔間布塞入表隔間布的內側後整理平順。

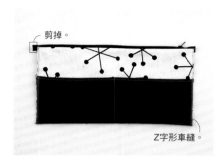

⑦ 將兩脇邊的縫份，四片一起進行Z字形車縫後，剪去多餘的拉鍊上耳。

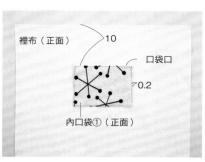

⑧ 以P.13步驟⑭至⑯相同作法製作內口袋①，並車縫固定於裡布上。

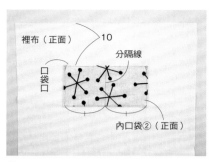

⑨ 以P.13步驟⑭至⑯相同作法接縫內口袋②，再車縫中央分隔線。

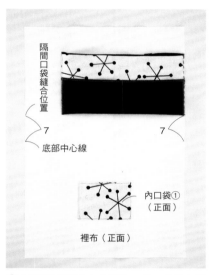

⑩ 在距裡布的底中心線7cm處，疊放上隔間口袋。

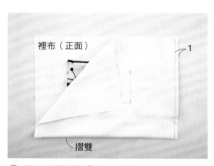

⑪ 裡布正面相對疊合＆車縫。

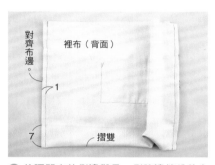

⑫ 使隔間布的側邊與另一側脇邊縫份的布邊對齊，並縫合脇邊。

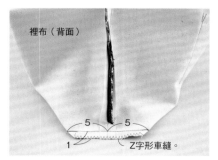

⑬ 燙開兩脇邊縫份，以P.12步驟⑪至⑬相同作法車縫側身。

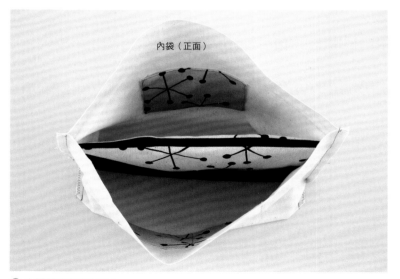

⑭ 有隔間的內袋完成！

**{ 肩背包 }**

*3*
——

寬提把更舒適！
## 簡約肩背包

肩背帶寬大舒適，也減輕了許多肩膀的負擔。就算包內物品較
多，也能提供安定的支撐。長背帶也可以隨性打結，變化成短
版的可愛風格。

How to make P.18
design & make：yu*yu おおのゆうこ

統一兩側口袋＆內袋的布料，呈現重點式
的設計感。

融合些許的懷舊風情＆嶄新的線條。

*4*
———

方形直裁布的拼接變化
**吾妻袋肩背包**

將亞麻布料剪成長方形，以摺疊吾妻袋（日式三角包）的要領
摺疊布料，再簡單接縫就完成了！並將柔軟皮革接縫於邊角，
提高肩背時的舒適度，完成簡約又時尚的包款。

How to make P.20
design & make：Needlework Tansy 青山惠子

**材料**
- 亞麻布（橘色）… 80 × 90cm
- 亞麻布（格子）… 80 × 90cm
- 尼龍布（花朵）… 50 × 20cm
- 11號帆布（原色）… 37 × 17cm
- 接著襯 … 11 × 7cm
- 磁釦 … 1組
- 皮標 … 1片

**完成尺寸**
寬35 × 高35 × 側身10cm
（不包含提把）

**原寸紙型**
A面［3］－1主體・2脇邊口袋

**裁布圖**

表布……亞麻布（橘色）／裡布……亞麻布（格子）

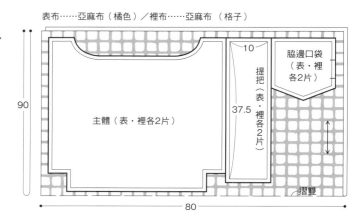

10
提把（表・裡各2片）
37.5
脇邊口袋（表・裡各2片）
主體（表・裡各2片）
90
80
摺雙

11號帆布（原色）

35
17　15　裡內口袋（1片）
37

＊縫份1cm。
＊ ▨ 處須於背面燙貼接著襯。

尼龍布（花朵）　　　裝飾布（2片）

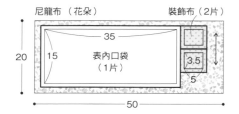

35
20　15　表內口袋（1片）
3.5
5
50

**表布縫上標牌**

完成裁布後，在表布上依喜好預先縫上標牌。本作品使用皮標，並以手縫的方式縫合固定。

※為了使作法清楚易懂，在此使用與作品不同的布料，以紅色縫線進行縫製。

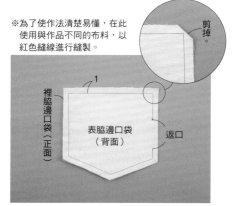

裡脇邊口袋（正面）
表脇邊口袋（背面）
返口
1
剪掉。

❶ 表脇邊口袋＆裡脇邊口袋正面相對疊合，預留返口後縫合，再將邊角的縫份剪掉斜角。

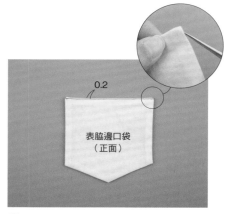

0.2
表脇邊口袋（正面）

❷ 從返口翻回正面後整理形狀。邊角處以錐子挑出漂亮的角度，口袋口車縫裝飾線。共製作2片。

1　　　1
表布（背面）

❸ 將兩片表布正面相對疊合，縫合脇邊＆縫份燙開。

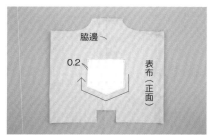

④ 將表布翻回正面，對齊脇邊口袋記號車縫固定，並在口袋口兩脇邊車縫三角形補強。相反側的脇邊也以相同作法縫上口袋。

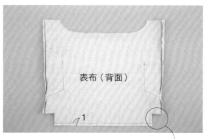

⑤ 表布再次正面相對合，縫合底部後，燙開縫份＆車縫側身，並使縫份倒向上側。

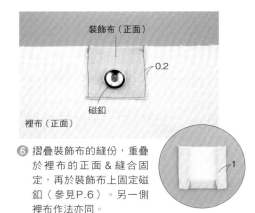

⑥ 摺疊裝飾布的縫份，重疊於裡布的正面＆縫合固定，再於裝飾布上固定磁釦（參見P.6）。另一側裡布作法亦同。

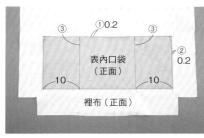

⑦ 表內口袋＆裡內口袋正面相對疊合，預留返口後縫合。將邊角的縫份剪掉斜角，翻回正面。

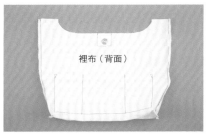

⑧ 口袋口車縫裝飾線後，對齊裡布的合印記號縫合固定內口袋，再車縫分隔線。

⑨ 兩片裡布正面相對疊合，以表布相同作法，車縫脇邊・底部・側身。

⑩ 提把＆表袋脇邊正面相對，接縫固定後燙開縫份。表袋另一側＆內袋也以相同作法接縫提把。

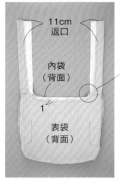

⑪ 表袋＆內袋正面相對疊合，提把端其中一側預留返口後縫合。曲線處縫份剪牙口。

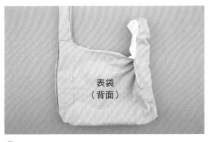

⑫ 從返口翻回正面。

⑬ 以熨斗整燙袋口，整理形狀。

⑭ 展開返口處提把布，左右提把布正面相對接縫＆燙開縫份。翻回正面檢查提把平順無扭轉後，縫合返口。

⑮ 整理提把的形狀，沿袋口＆提把四周車縫壓線，完成！

材料

- 亞麻布 … 73 × 125cm
- 皮革 … 20 × 5cm
- 寬0.4cm的皮繩 … 30cm × 2條
- 皮標 … 1.2 × 1cm × 1片

完成尺寸

寬47 × 高52 × 側身10cm
（不包含皮革提把）

裁布圖

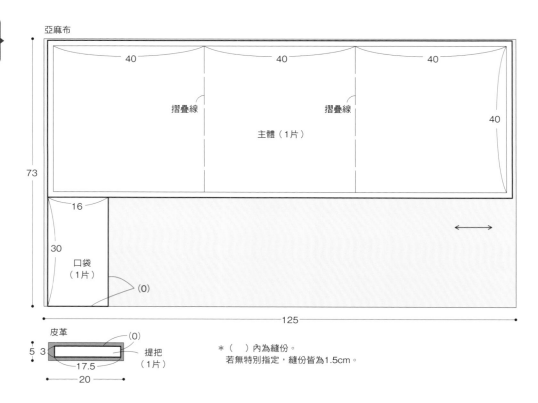

亞麻布

40 40 40

摺疊線 摺疊線

主體（1片）

40

73

16

30

口袋（1片）

(0)

125

皮革

(0)

5 3

17.5

20

提把（1片）

＊（ ）內為縫份。
若無特別指定，縫份皆為1.5cm。

※為了使作法清楚易懂，在此使用與作品不同的布料，以紅色縫線進行縫製。

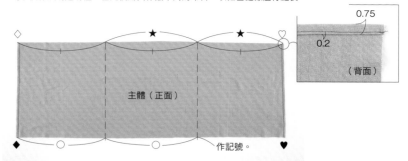

0.75

0.2

（背面）

◇ ★ ★ ♡

主體（正面）

◆ ○ ○ ♥

作記號。

❶ 兩側短邊依0.75→0.75cm三摺邊車縫。上下長邊畫上三等分記號。

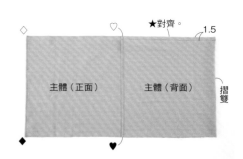

◇ ♡ ★對齊。 1.5

主體（正面） 主體（背面）

摺雙

◆ ♥

❷ ★標示的區塊布正面相對，車縫固定。

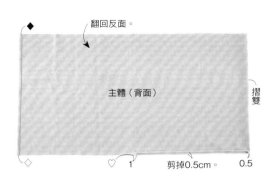

翻回反面。

主體（背面）

摺雙

◆
◇　♡　1　剪掉0.5cm。　0.5

③ 將步驟②翻至背面，自距離♡側1cm至距離摺雙側0.5cm之間，將縫合處縫份的其中一片剪掉0.5cm。

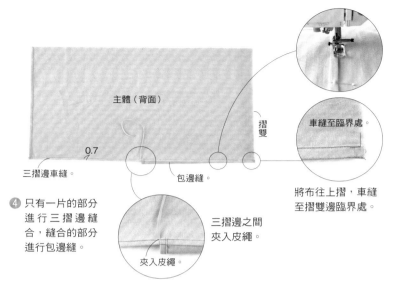

主體（背面）

摺雙

0.7

三摺邊車縫。　　包邊縫。

夾入皮繩。

三摺邊之間夾入皮繩。

車縫至臨界處。

將布往上摺，車縫至摺雙邊臨界處。

④ 只有一片的部分進行三摺邊縫合，縫合的部分進行包邊縫。

◇　♡

摺雙

主體（背面）

預先上拉，避免車縫固定。

1.5　疊合○區塊布。

◆

⑤ 回復步驟②的狀態，將♥角上拉&避免底邊重疊，○區塊布正面相對，以步驟③④相同作法車縫。

◇　　　♥

脇邊

主體（背面）

底部

⑥ 拉開，整理袋型。

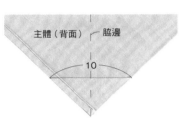

主體（背面）　脇邊

10

⑦ 對齊脇邊&底部，車縫側身。

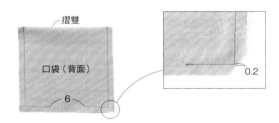

摺雙

口袋（背面）

6

0.2

⑧ 口袋正面相對對摺，預留返口後縫合，並剪掉邊角縫份。

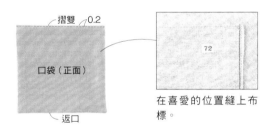

摺雙　0.2

口袋（正面）

返口

72

在喜愛的位置縫上布標。

⑨ 從口袋的返口翻回正面，整理形狀後沿袋口壓線。

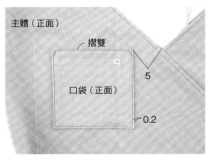

主體（正面）

摺雙

口袋（正面）

5

0.2

⑩ 主體縫上口袋，口袋的袋口兩端車縫小三角形補強。

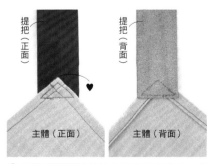

提把（正面）

提把（背面）

♥

主體（正面）　　主體（背面）

⑪ 提把的邊端重疊於主體的三角形處，車縫三角形。提把另一側也以相同作法接縫固定。

⑫ 完成！

# 5

## 大側身‧大收納空間！
## 束口肩背包

完成三大車縫重點——脇邊‧底部側身‧袋口，再將袋口釘上雞眼釦＆穿過綁繩就完成了！雖然看似小巧，但擁有足夠充裕的側身，錢包、手機、手帕等簡便出門的必備物品，都可以輕鬆帶著走。

How to make P.23
design & make：dekobo工房 くぼでらようこ

背繩的長度可依喜好決定。稍長一些更具時尚感。

## 5 束口肩背包

P.22

**材料**

- 高島斜紋布（直條紋）… 35 × 80cm
- 亞麻布 … 35 × 60cm
- 接著襯 … 24 × 6cm
- 內徑12mm的雞眼釦 … 8組
  （角田商店／E116・#28）
- 粗0.6cm的繩子 … 155cm × 2條

**完成尺寸**

寬16 × 高23 × 側身12cm（不包含提把）

**裁布圖**

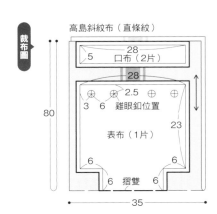

高島斜紋布（直條紋）

28
5 口布（2片）

28

2.5
3 6 雞眼釦位置
23
表布（1片）

6 6
6 摺雙

35
80

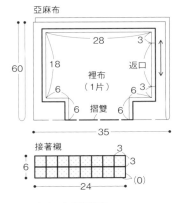

亞麻布

28 3
18 裡布 返口
（1片）
6 6 3
6 摺雙 6

60
35

接著襯
6 3
24 (0)

＊（ ）內為縫份。
　若無特別指定，縫份皆為1cm。
＊雞眼釦位置的背面須燙貼接著襯。

---

※為了使作法清楚易懂，在此使用與作品不同的布料，以紅色縫線進行縫製。

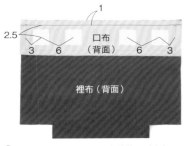

1
2.5
3 6 6 3
口布（背面）

裡布（背面）

① 將口布背面燙貼上接著襯，裡布＆口布正面相對縫合。

0.3 口布（正面）

裡布（正面）

② 縫份倒向裡布側，正面壓線。

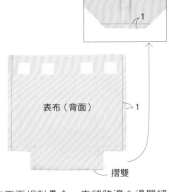

（背面）
1

表布（背面）
1
摺雙

③ 表布正面相對疊合，車縫脇邊＆燙開縫份。再對齊脇邊＆底部中心線，車縫側身，並使縫份倒向底側。裡布也以相同作法車縫，但須在脇邊處預留返口。

表袋（背面）
1
內袋（背面）

④ 表袋翻回正面，與內袋正面相對疊合，縫合袋口。

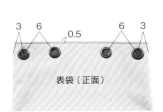

3 6 0.5 6 3

表袋（正面）

⑤ 從返口翻回正面，縫合返口。再沿袋口壓線，安裝雞眼釦。

打結。

⑥ 兩條繩子分別從前後穿過雞眼釦，再將兩條繩子各自的前後端一起打結固定。

⑦ 完成！

口金包

*6*

橫長形大容量的個性包款
# 口金手提包

專為可清楚檢視包內物品＆容易取放的需求而
設計，橫長袋型×寬側身的大容量包款。加上
以問號鉤扣接的提把，包包再重也能安心。

How to make P.25
design & make：dekobo 工房 くぼでらようこ

底部寬敞，安定感絕佳。

# 6 口金手提包

P.24

**材料**

- 亞麻帆布（綠色）… 105 × 60cm
- 亞麻布（小鳥插畫）… 60 × 20cm
- 棉布（茶色）… 55 × 55cm
- 接著襯 … 80 × 50cm
- 內徑12mm的雞眼釦 … 4組
  （角田商店／E116・#28）
- 問號鉤 … 4個（角田商店／H25・No.303）
- 直徑0.6cm的固定釦 … 8組
- 口金 … 24 × 9cm（角田商店／F86）
- 紙繩 … 40cm × 2條

**完成尺寸**

寬23 × 高約15 ×
側身約19cm（不包含提把）

**原寸紙型**

A面［6］－1表布・2裡布・3側身
　　　　　4外口袋

**裁布圖**

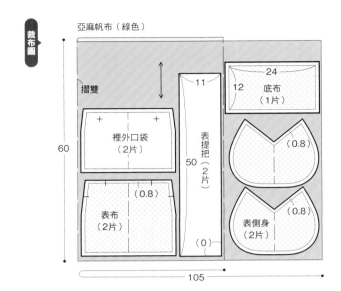

亞麻帆布（綠色）

摺雙

裡外口袋（2片）

表提把（2片）

表布（2片）

底布（1片）

表側身（2片）

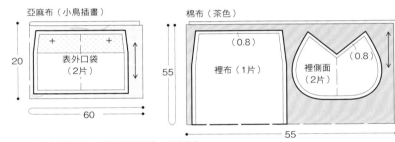

亞麻布（小鳥插畫）

表外口袋（2片）

棉布（茶色）

裡布（1片）

裡側面（2片）

\* （　）內為縫份。若無特別指定，縫份皆為1cm。
\* ▭ 處須於背面燙貼接著襯。

## 口金的基礎

〈尺寸&部位名稱〉

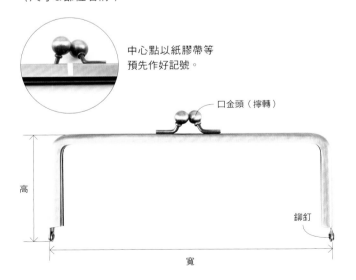

中心點以紙膠帶等
預先作好記號。

口金頭（擰轉）

高

寬

鉚釘

〈必要的工具〉

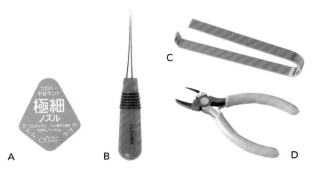

A　手工藝用白膠…固定口金、主體、紙繩時使用。
B　錐子…將主體塞入溝槽&整理形狀時使用。
C　口金專用填塞器…將紙繩塞入溝槽時使用。
D　尼龍鉗…將口金框邊角夾緊閉合時使用。

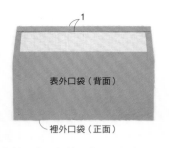

① 表外口袋 & 裡外口袋正面相對疊合，縫合口袋口。

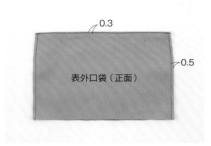

② 翻回正面，於口袋口車線壓縫，並將兩脇邊的縫份進行疏縫。

③ 口袋口裝釘雞眼釦。以相同作法再作一片外口袋。

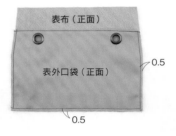

④ 外口袋重疊於表布上方，兩脇邊 & 底部疏縫固定。以相同作法縫合另外一片表布 & 外口袋。

⑤ 表布 & 底布正面相對車縫。

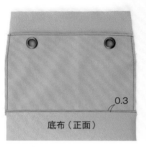

⑥ 縫份倒向底布側，自正面車縫壓線。

⑦ 表布 & 表側身正面相對縫合。車縫時側身疊於上方，並注意不要車縫出皺褶。

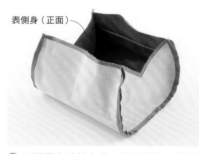

⑧ 以相同作法縫合另一側表側身，使縫份倒向側身。建議完成後以燙馬輔助壓燙縫份會比較好處理。

⑨ 以表布相同作法，裡布 & 裡側身正面相對縫合，縫份倒向裡側身。

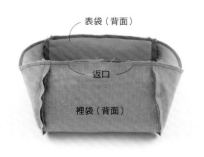

⑩ 將表袋翻回正面，與裡袋正面相對疊合，預留返口後進行縫合。

脇邊縫份剪牙口。

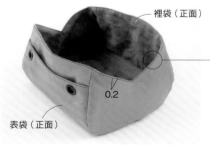
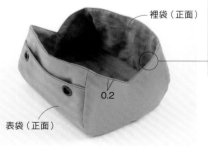

⑪ 從返口翻回正面，於袋口處車縫壓線。

塗入白膠。

⑫ 口金溝槽內塗入白膠,以牙籤等細棒將白膠抹勻。白膠塗太多會有外溢的問題,請小心避免。

⑬ 將袋口布塞入口金溝槽。側身接縫處對齊口金的彎角,將袋口布確實塞入口金溝槽最內裡,再自中心點開始塞入紙繩。

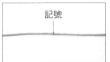

記號

對摺紙繩,在中心預先作好記號。

側身接縫線對齊邊角。

看得見紙繩

若將紙繩塞至最內裡,主體容易鬆脫掉落,所以塞至從口金框邊往裡看,還看得見紙繩的程度即可。

⑭ 以口金專用填塞器,將紙繩塞入至口金與主體之間。

⑮ 另一側也將主體塞入口金,整理形狀後再塞入紙繩。

對齊。

閉合口金從上俯視,縫線的位置要對齊。若是縫線位置不齊,包體就會歪斜扭曲。

脇邊點與口金鉚釘位置對齊。

脇邊

裡袋(正面) 夾緊。

⑯ 以尼龍鉗將口金的框腳底端夾緊。

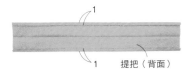

⑰ 摺疊提把上下長邊的縫份。

摺雙 0.2 0.2

提把(正面)

⑱ 對摺提把,沿上下長邊車縫壓線。

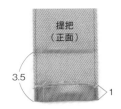

提把(正面)

3.5 1

⑲ 提把邊端依1cm→4.5cm摺疊。

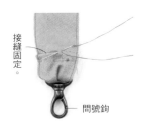

接縫固定。

問號鉤

⑳ 將提把穿過問號鉤,沿著摺邊進行接縫。

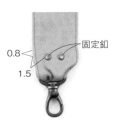

固定釦 0.8 1.5

㉑ 裝釘固定釦。另一側也以相同作法裝上問號鉤。共製作2條。

㉒ 完成!

# 7

## 方便取放物品的敞開式袋口
## 鋁框口金包

穿入鋁框口金的袋口，「啪」一聲就可以打開，是一款能輕鬆自
在取出內容物的包款。皮革提把、護角皮片、裝飾元素等，與斜
紋軟呢達成了絕妙的搭配，真皮皮革更提升了整體的高級質感。

How to make P.29
design & make：dekobo工房 くぼでらようこ

超大開口，內容物一目了然！

## 7 鋁框口金包

P.28

**材料**

- 人字織紋羊毛混紡 … 65 × 65cm
- 牛津布（焦茶色）… 65 × 65cm
- 棉布（茶褐色）… 39 × 13cm
- 單膠鋪棉 … 45 × 65cm
- 護角皮片（INAZUMA／BA－1239#4駝色）
  … 4 片
- 直徑0.8cm鉚釘 … 2組
- 鋁框口金（INAZUMA／BK－2573）… 1個
- 固定袋口釦絆（INAZUMA／BA－16A#4駝色）
  … 1組
- 提把（INAZUMA／YAS－6132#4駝色）
  … 2條

**完成尺寸**

寬27 × 高約25 × 側身12cm（不包含提把）

**原寸紙型**

A面〔7〕－1主體・2外口袋

**裁布圖**

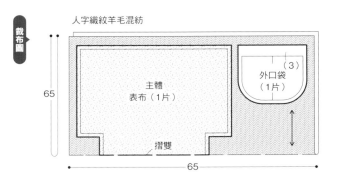

人字織紋羊毛混紡

主體
表布（1片）

65

摺雙

外口袋
（1片）

（3）

65

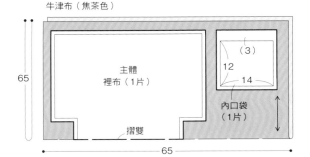

牛津布（焦茶色）

主體
裡布（1片）

65

摺雙

（3）

12

14

內口袋
（1片）

65

棉布（茶褐色）

（1.5）　口布（2片）　（1.5）

13

4.5　　　36

39

＊（　）內為縫份。
　若無特別指定，縫份皆為1cm。

＊ ▨▨▨ 處須於背面燙貼單膠鋪棉。

※為了使作法清楚易懂，在此使用與作品不同的布料，以紅色縫線進行縫製。

前次打洞的
最後一孔

單膠鋪棉

表布（背面）

① 在表布背面燙貼單膠鋪棉。熨斗過熱會
有熔膠的現象，請小心注意熨斗的溫度
不宜過高。

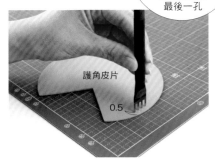

護角皮片

0.5

② 沿著護角皮片曲線的邊緣，以菱斬打出
第一組縫洞後，皆以前次最後一個縫洞
為起點，進行等間距的鑿洞。

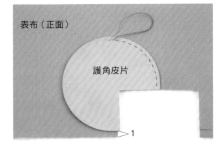

表布（正面）

護角皮片

1

③ 將護角皮片重疊於表布的底部，以平針
縫法手縫固定。接縫之前請仔細確認縫
合位置，脇邊須預留1cm。

④ 四個底角皆以相同作法手縫護角皮片。

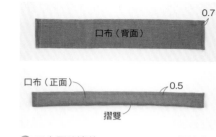

⑤ 口布兩脇邊依0.75→0.75cm三摺邊車縫後，背面相對對摺＆疏縫固定。共製作2片。

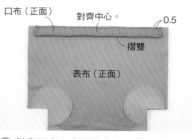

⑥ 對齊口布＆表布的中心，進行疏縫。另一側也以相同作法將口布疏縫固定。

⑦ 外口袋的口袋口依1.5→1.5cm三摺邊車縫，其餘周圍縫份則進行Z字形車縫。

⑧ 沿著縫份的弧邊車縫一條粗針趾的車縫線。

剪下相同弧邊的厚紙板紙型，放在外口袋裡側，拉緊上線整理出圓弧的輪廓。

⑨ 摺疊縫份。

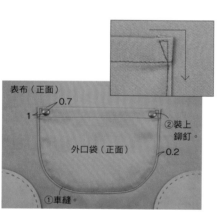

⑩ 外口袋重疊於表布上，沿邊車縫。口袋口兩脇邊車縫小三角形補強固定。並裝上鉚釘。

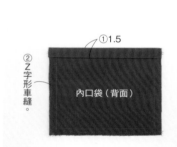

⑪ 內口袋的口袋口依1.5→1.5cm三摺邊車縫，其餘周圍縫份則進行Z字形車縫。

⑫ 摺疊內口袋的縫份，對齊裡布中心重疊，以步驟⑩相同作法沿邊車縫。

⑬ 表布正面相對，縫合脇邊。

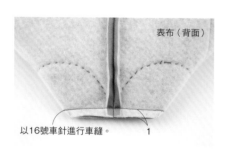

⑭ 對齊脇邊與袋底中心線，車縫側身。此時會連同護角皮片一起重疊車縫，因此請改以16號車針進行。表袋車縫完成後將針換回，裡布脇邊預留返口，以相同作法車縫裡布脇邊＆側身。

⑮ 將表袋翻回正面，與裡袋正面相對縫合袋口。

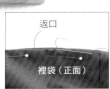

⑯ 從返口翻回正面之後，返口處以藏針縫縫合。

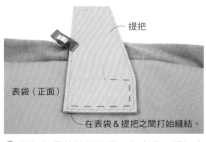

⑰ 將提把疊於接縫位置，在表袋 & 提把之間始縫第一針，自轉角處開始以平針縫手縫固定。

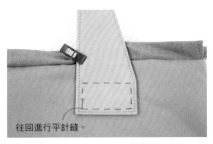

⑱ 回到始縫的轉角時，往回進行平針縫。

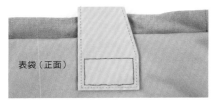

⑲ 完成提把的接縫。其他三處也以相同作法接縫。

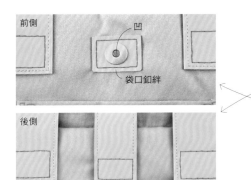

⑳ 將袋口釦絆接縫於表袋。前側固定磁釦（凹），後側固定磁釦（凸）。

㉑ 將鋁框口金兩脇邊的螺絲轉開。

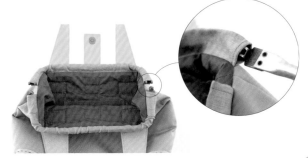

㉒ 從口布的邊端穿入口金。

㉓ 對合口金的脇邊。

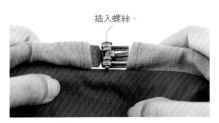

㉔ 將步驟㉑拆下來的螺絲插回去。另一側作法亦同。

㉕ 完成！

31

# 斜背包

## *8*

### 空出雙手真便利！
### 掀蓋式斜背包

以書包釦袋蓋緊密地守護袋口，令人超安心！
提把長度可輕鬆調節，配合身高＆體型自由變化。

How to make P.34
design ＆ make：Needlework Tansy 青山惠子

後側為開放式口袋。

## 9

尼龍素材輕巧又堅固
### 輕便隨行包

原為騎自行車時的單車專用包。輕巧又堅固，
非常適合放入短暫出門時的最基本必需用品。
是無論男女都適用的中性包款。

How to make P.35
design & make：服のかたちデザイン 岡田桂子

後側的小口袋是加分的貼心設計。

# 掀蓋式斜背包

（ P.32 ）

● **完成尺寸**
寬28×高22×側身8cm（不包含提把）

● **原寸紙型**
A面［8］－1主體・2側身・3袋蓋・4口袋

● **材料**
亞麻布（藏青色）…80×150cm
亞麻布（花朵）…60×40cm
單膠鋪棉…40×80cm
寬2.5cm蕾絲…20cm
內徑3cm日型環…1個
內徑3cm口型環…1個
書包釦…1組

## 裁布圖

亞麻布（藏青色）

（0）　（0）
12　12　（0）
33
（0）　短肩帶
長肩帶（1片）
（1片）　（0）
150　140
側身表布（2片）
側身表布（2片）
側身裡布（2片）
側身裡布
主體表布（2片）
主體表布
口袋表布（1片）
主體裡布（2片）
口袋裡布（1片）
主體裡布　袋蓋裡布（1片）
（0）　（0）
80

亞麻布（花朵）
袋蓋表布（1片）
滾邊條3.5×28
40　12　18
26
（0）　（0）　裡口袋（1片）
60

* （ ）內為縫份。
　若無特別指定，縫份皆為1cm。
* ▨處須於背面燙貼單膠鋪棉。
* 袋蓋表布請燙貼2層單膠鋪棉。

## 縫製順序

### 1 製作＆接縫內口袋

* 口袋的作法參見P.87。

6.5
車縫。
0.2
主體裡布（正面）
內口袋（正面）

### 2 製作裡袋

①接縫側身裡布的底部。
（背面）　1
（正面）　0.5
（正面）
正面相對
1
裡袋（背面）
返口　15
側身裡布（背面）
③縫合。
②燙開縫份車縫。

### 3 製作主體表布

後片
主體表布（正面）
口袋表布（正面）
③疏縫。
0.8
④車縫中心線。

滾邊條
②包捲車縫
①車縫。　0.2
裡布（背面）
口袋表布（正面）

前片
主體表布（正面）
①從正面插入書包釦。
10.5

（背面）
②在背面放置金屬墊片，鉤爪往內壓摺固定。

### 4 製作表袋

* 以裡袋相同作法縫合，但不須留返口。

### 5 製作袋蓋

袋蓋裡布（正面）
袋蓋表布（背面）
1
整面燙貼單膠鋪棉
此區重疊燙貼單膠鋪棉
12
①車縫。
②剪牙口。

③翻至正面。
④車縫。
袋蓋（正面）
0.5
（背面）
⑤以書包釦組件夾住袋蓋。
⑥內摺鉤爪。

### 6 製作肩帶

摺四褶後
車縫
0.5
0.2　0.2
疏縫。
短肩帶
長肩帶
穿過口型環

### 7 縫合袋口

裡袋（背面）
長肩帶　袋蓋（背面）　短肩帶
1
①縫合。
表袋後片（背面）
②翻至正面。
③縫合返口。
④車縫袋口。
0.5
（正面）

* 裡袋的口袋與表袋後片相對疊合。

### 8 肩帶止縫固定

完成！
2
車縫
穿過日型環
22
28
8

*9*

# 輕便隨行包

（ P.33 ）

● **完成尺寸**

寬18×高19×側身2cm（不包含提把）

● **材料**

尼龍牛津布（淺藍色）…80×30cm
尼龍牛津布（灰色）…40×30cm
寬1cm的魔鬼氈…10cm
粗0.3cm的繩子…130cm
直徑1.2cm彈簧壓釦…1組
豬鼻釦…2個
布標…1片

---

**裁布圖＆尺寸**

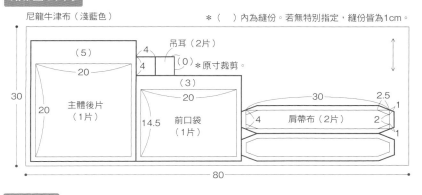

尼龍牛津布（淺藍色）

＊（ ）內為縫份。若無特別指定，縫份皆為1cm。

尼龍牛津布（灰色）

**縫製順序**

## 1 將前口袋＆布標接縫於主體前片

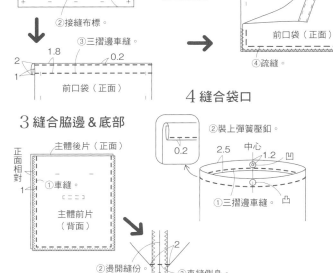

## 3 縫合脇邊＆底部

## 4 縫合袋口

## 2 製作＆接縫後口袋

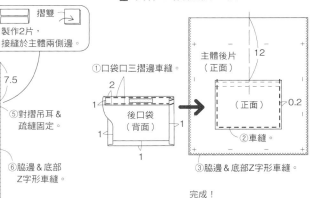

## 5 製作肩帶

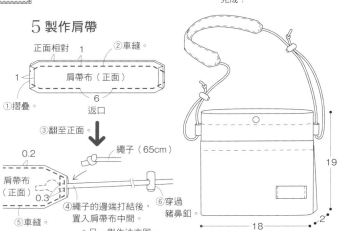

完成！

# 10

服貼身體的舒適曲線
## 半月型肩背包

袋型看似纖巧，但往底部逐漸加寬的側身，使包體擁有令人驚
喜的大容量。半月型的曲線剪裁順著身形緊貼著身體，特別適
合活潑走跳的外出活動！

How to make P.38
design & make：yu*yu おおのゆうこ

窄口的側邊口袋，收納隨身票卡等非常方便。主體後側袋口處的D型環吊耳，則是可以勾掛鑰匙等小物的實用巧思。

以圓潤可愛的袋型，呼應女性的溫柔氣質。

*10*

# 半月型肩背包

（ P.36 ）

● **完成尺寸**

底寬25×高約21×底側身8cm（不包含提把）

● **原寸紙型**

A面［10］－1主體側片表布・2側身・3主體裡布
4側身口袋・5內口袋

● **材料**

11號帆布（薰衣草紫）…110cm寬×90cm
帆布（印花）…110cm寬×40cm
棉布（花朵）…45×25cm
帆布（條紋）…45×20cm
寬3cm的厚棉織帶…150cm
長15cm・50cm的尼龍拉鍊…各1條
（準備略長的拉鍊，再調整至指定尺寸。）
寬1.5cm的羅紋緞帶…8cm
內徑3cm的D型環…2個、內徑1.5cm的D型環…1個
內徑3cm的日型環…1個

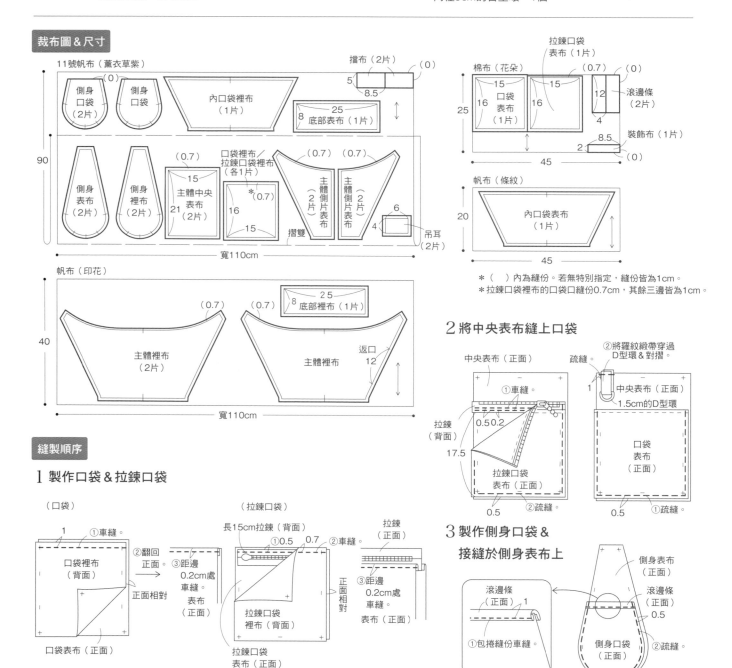

**裁布圖＆尺寸**

※（ ）內為縫份。若無特別指定，縫份皆為1cm。
※拉鍊口袋裡布的口袋口縫份0.7cm，其餘三邊皆為1cm。

**縫製順序**

## 1 製作口袋＆拉鍊口袋

## 2 將中央表布縫上口袋

## 3 製作側身口袋＆接縫於側身表布上

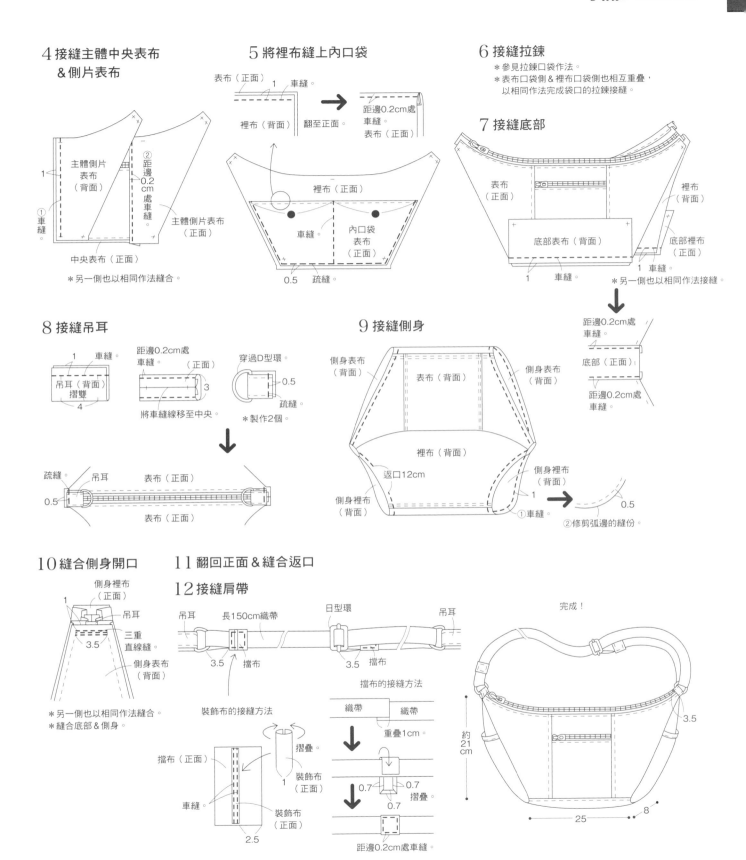

4 接縫主體中央表布
＆側片表布

主體側片表布（背面）
②距邊0.2cm處車縫。
主體側片表布（正面）
①車縫。
1
中央表布（正面）

＊另一側也以相同作法縫合。

5 將裡布縫上內口袋

表布（正面）
1
車縫。
裡布（背面）
翻至正面。
距邊0.2cm處車縫。
表布（正面）
裡布（正面）
車縫。
內口袋表布（正面）
0.5 疏縫。

6 接縫拉鍊

＊參見拉鍊口袋作法。
＊表布口袋側＆裡布口袋側也相互重疊，
以相同作法完成袋口的拉鍊接縫。

7 接縫底部

表布（正面）
裡布（背面）
底部表布（背面）
底部裡布（正面）
1 車縫。

＊另一側也以相同作法接縫。

距邊0.2cm處車縫。
底部（正面）
距邊0.2cm處車縫。

8 接縫吊耳

1 車縫。
吊耳（背面）摺雙
4
距邊0.2cm處車縫。
（正面）
3
將車縫線移至中央。
穿過D型環。
0.5
疏縫。
＊製作2個。

疏縫。 吊耳 表布（正面）
0.5
表布（正面）

9 接縫側身

側身表布（背面）
表布（背面）
側身表布（背面）
裡布（背面）
返口12cm
側身裡布（背面）
側身裡布（背面）
1
①車縫。
②修剪弧邊的縫份。
0.5

10 縫合側身開口

側身裡布（正面）
1
吊耳
三重直線縫。
3.5
側身表布（背面）

＊另一側也以相同作法縫合。
＊縫合底部＆側身。

11 翻回正面＆縫合返口
12 接縫肩帶

吊耳 長150cm織帶 日型環 吊耳
3.5 擋布 3.5 擋布

裝飾布的接縫方法
擋布（正面）
車縫。
裝飾布（正面）
1
摺疊。
裝飾布（正面）
2.5

擋布的接縫方法
織帶 織帶
重疊1cm。
0.7 0.7
摺疊。
0.7
距邊0.2cm處車縫。

完成！

約21cm
3.5
25
8

# 2way & 3way包

## 11

---

### 橢圓底更有份量且安定
### 橢圓底2way包

表袋使用11號帆布，裡袋使用壓棉布，製作出
輕巧又耐用的包款。拆下問號鉤背帶，就變成
了簡約的波士頓包。

How to make P.42
design & make：yu*yuおおのゆうこ

橢圓形的底部相當安定。袋口則有釦絆可
以稍作收合。

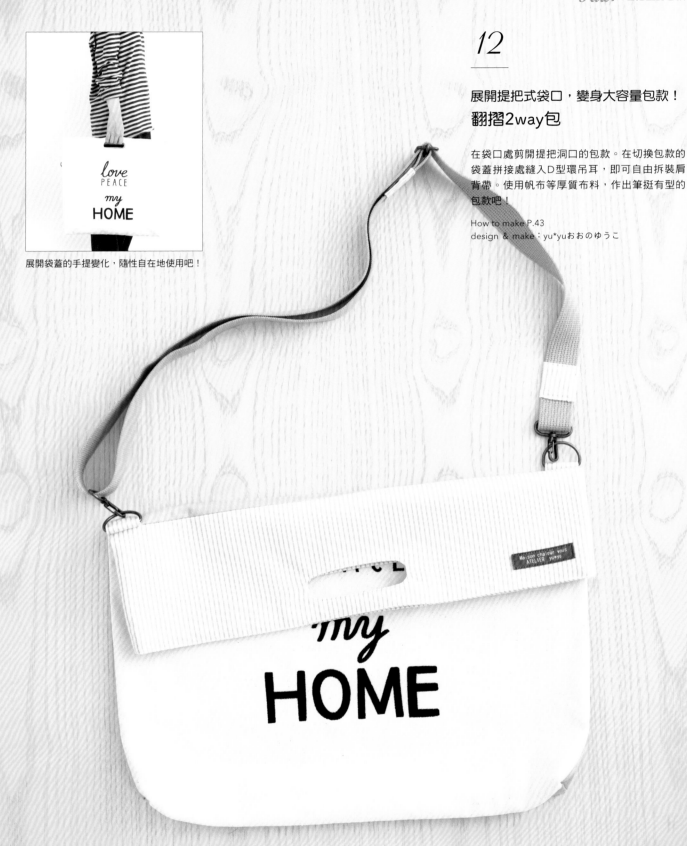

## 12

### 展開提把式袋口，變身大容量包款！
### 翻摺2way包

在袋口處剪開提把洞口的包款。在切換包款的袋蓋拼接處縫入D型環吊耳，即可自由拆裝肩背帶。使用帆布等厚質布料，作出筆挺有型的包款吧！

How to make P.43
design & make：yu*yuおおのゆうこ

展開袋蓋的手提變化，隨性自在地使用吧！

## 11

# 橢圓底2way包

（ P.40 ）

● 完成尺寸
寬25×高30cm×側身15cm（不包含提把）

● 原寸紙型
A面［11］－1底部

● 材料
11號帆布（牛奶糖色）…100×25cm
壓棉布（印花）…100×35cm
11號帆布（紅褐色）…60×50cm
棉布（條紋）…17×12cm
棉布（原色）…17×12cm
直徑1cm的壓釦…1組

寬3cm厚棉織帶…150cm
內徑3cm的D型環・問號鉤…各2個
內徑3cm的日型環…1個
布標（6×2cm）…1片

### 裁布圖&尺寸

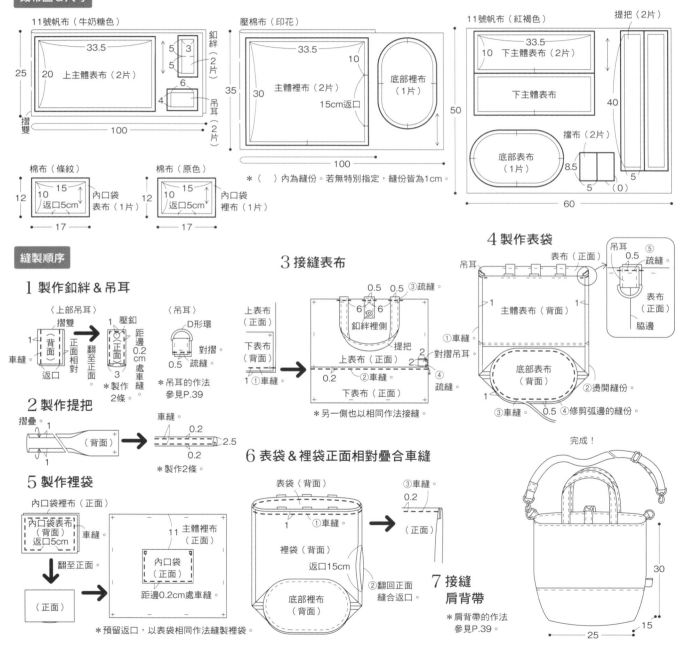

11號帆布（牛奶糖色）
33.5
25　20　上主體表布（2片）
釦絆（2片）　5　3　5
吊耳（2片）　6　4
摺雙　100

壓棉布（印花）
33.5　10
35　30　主體裡布（2片）
15cm返口
100
底部裡布（1片）

＊（ ）內為縫份。若無特別指定，縫份皆為1cm。

11號帆布（紅褐色）
33.5　10　下主體表布（2片）
下主體表布
50
底部表布（1片）
8.5　5（0）
60

提把（2片）
40　5
擋布（2片）

棉布（條紋）
12　10　15　內口袋表布（1片）　返口5cm
17

棉布（原色）
12　10　15　內口袋裡布（1片）　返口5cm
17

### 縫製順序

**1 製作釦絆&吊耳**

〈上部吊耳〉
摺雙　1　壓釦
車縫　（背面）　正面相對　返口　翻至正面　（正面）　距邊0.2cm處車縫　3
＊製作2條。

〈吊耳〉
D形環　對摺　0.5　疏縫
＊吊耳的作法參見P.39

**2 製作提把**

摺疊　1　（背面）　1　車縫
0.2　2.5　0.2
＊製作2條。

**3 接縫表布**

上表布（正面）
下表布（背面）
①車縫

0.5　0.5　③疏縫
6　6
釦絆裡側　提把
上表布（正面）
0.2　②車縫　2　2　對摺吊耳　④疏縫
下表布（正面）
①車縫
＊另一側也以相同作法接縫。

**4 製作表袋**

吊耳　表布（正面）　吊耳　0.5　⑤疏縫
1　主體表布（背面）　1　表布（正面）　脇邊
①車縫　②燙開縫份。
底部表布（背面）
1
③車縫　0.5　④修剪弧邊的縫份。

**5 製作裡袋**

內口袋裡布（正面）
內口袋表布（背面）　車縫　返口5cm
翻至正面
（正面）

11　主體裡布（正面）
內口袋（正面）
距邊0.2cm處車縫。
＊預留返口，以表袋相同作法縫製裡袋。

**6 表袋&裡袋正面相對疊合車縫**

表袋（背面）
1　①車縫。　③車縫　0.2　（正面）
裡袋（背面）
返口15cm
②翻回正面縫合返口。
底部裡布（背面）

**7 接縫肩背帶**
＊肩背帶的作法參見P.39。

完成！
30　15　25

42

## 12

# 翻摺2way包

（ P.41 ）

● **完成尺寸**
寬40×高約30.5×側身5cm（不包含提把）

● **原寸紙型**
A面［12］－1主體・2上主體・3下主體

● **材料**

帆布（帶有刺繡英文字）
　…50×50cm
帆布（條紋）…60×50cm
11號帆布（駝色）…50×40cm
棉布（印花）…50×80cm

接著襯…55×30cm
寬3cm厚棉織帶…150cm
內徑3cm的D型環・問號鉤…各2個
內徑3cm的日型環…1個
布標（6×1.5cm）…1片

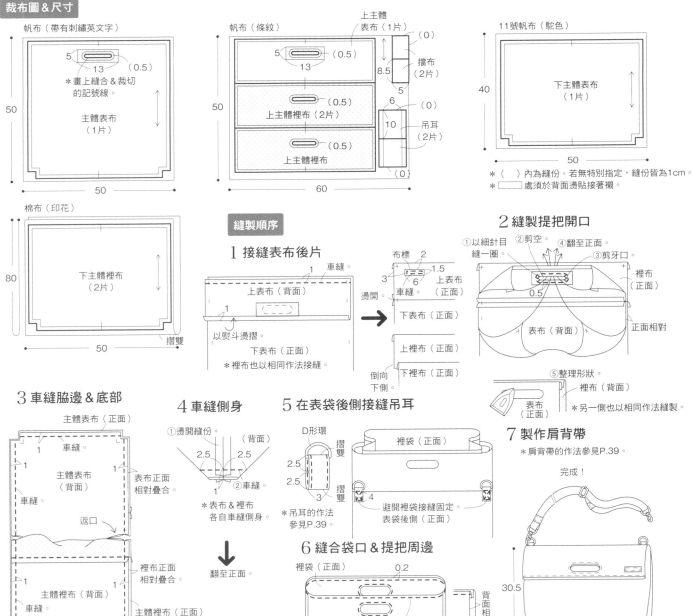

**裁布圖&尺寸**

帆布（帶有刺繡英文字）
5／13（0.5）
*畫上縫合&裁切的記號線。
主體表布（1片）
50／50

帆布（條紋）
5／13（0.5）
上主體表布（1片）（0）
擋布（2片）8.5／5
上主體裡布（2片）（0.5）
6（0）／10／吊耳（2片）（0）
上主體裡布
50／60

11號帆布（駝色）
下主體表布（1片）
40／50

* （ ）內為縫份。若無特別指定，縫份皆為1cm。
* ▢處須於背面燙貼接著襯。

棉布（印花）
下主體裡布（2片）
80／50／摺雙

**縫製順序**

**1 接縫表布後片**
上表布（背面）車縫／1
以熨斗燙摺。
下表布（正面）
*裡布也以相同作法接縫。

布標 2／1.5／3／6 上表布（正面）
燙開 車縫（正面）
倒向下側 下表布（正面）
上裡布（正面）
下裡布（正面）

**2 縫製提把開口**
①以細針目縫一圈。 ②剪空。 ④翻至正面。
③剪牙口。
裡布（正面）
0.5
表布（背面）
正面相對
⑤整理形狀。
裡布（背面）
表布（正面）
*另一側也以相同作法縫製。

**3 車縫脇邊&底部**
主體表布（正面）
車縫。／1／1／1
主體表布（背面）
車縫。
表布正面相對疊合。
返口
裡布正面相對疊合。
主體裡布（背面）／1／1
車縫。
主體裡布（正面）
1 車縫。

**4 車縫側身**
①燙開縫份。（背面）
2.5／2.5
1 ②車縫。
*表布&裡布各自車縫側身。
翻至正面。

**5 在表袋後側接縫吊耳**
D形環
摺雙 2.5／2.5／3／摺雙
*吊耳的作法參見P.39。
裡袋（正面）
4
避開裡袋接縫固定。
表袋後側（正面）

**6 縫合袋口&提把周邊**
裡袋（正面） 0.2
0.2 車縫。
表袋（正面）
背面相對

**7 製作肩背帶**
*肩背帶的作法參見P.39。
完成！
30.5／40／5

# 13

———

### 肩背時自然閉合袋口
## 托特後背包

接縫於後背包前側的肩背帶穿過後側的口型環,在肩背時會因自然的滑動拉扯而將袋口閉合,是一款非常優秀的設計!輕薄的袋身,搭乘大眾交通工具時也不怕碰撞他人,可以輕巧無負擔地外出。

How to make P.46
design & make:sewsew 新宮麻里

袋口單側接縫口型環吊耳,並穿過肩背帶。想要
打開背包時,只要將袋口的提把向左右拉開就OK
了!

輕便的舒適設計。

## 13

# 托特後背包

（ P.44 ）

● 完成尺寸
寬26×高39×側身14cm（不包含提把）

● 材料
8號帆布（芥末黃）…90×70cm
防潑水尼龍布（牛奶糖色）
　…寬140cm×50cm
厚1.5mm底板…25×13cm
寬3cm雙面彩色織帶…100cm
寬2.5cm雙面彩色織帶…270cm

厚0.5cm的單膠鋪棉
　…30×40cm
內徑2.5cm的口型環…4個
內徑2.5cm的日型環…2個

---

**裁布圖&尺寸**

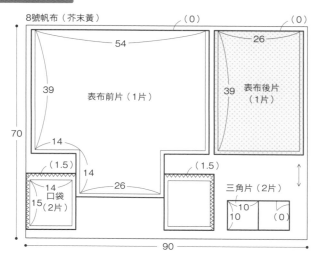

8號帆布（芥末黃）
（0）　　　（0）
54　　　　　26
39　表布前片（1片）　39　表布後片（1片）
70
14　　　（1.5）
（1.5）
14　　　26
14　口袋（2片）
15
90

防潑水尼龍布（牛奶糖色）
（0）
7　　39
7
50　底部中心
裡布（1片）　40
摺雙
寬140cm

26
15　內口袋（1片）
15　返口
6

三角片（2片）
10
10　（0）

底板
（0）
13
25
邊角剪圓。

* （　）內為縫份。若無特別指定，縫份皆為1cm。
* ░░░░ 處須於背面燙貼單膠鋪棉。
* wwww 處須將縫份預先進行Z字形車縫。

---

**縫製順序**

1 製作三角片

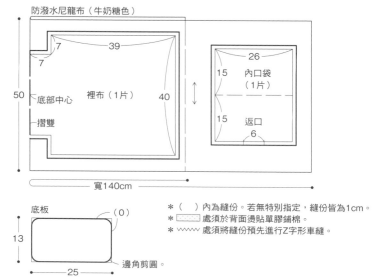

①摺疊。
三角片（正面）
②摺疊。
③車縫。
0.2
將2.5cm寬的織帶（長6cm）對摺，穿過口型環。
正面
1
＊製作2個。

單膠鋪棉
表布後片（正面）

2 接縫肩背帶

2.5　　2.5
織帶（85cm）
日型環
1.5　　3
①車縫。
織帶（背面）
表布後片（正面）
①車縫。
④疏縫。
2.5
②將肩背帶穿過口型環。

0.5

3 製作口袋&接縫於表布前片上

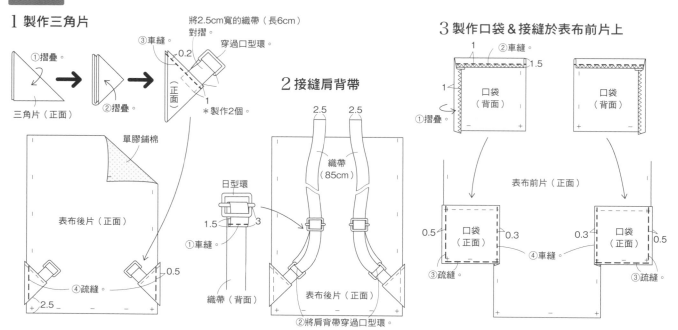

1　②車縫。
1.5
1　口袋（背面）
①摺疊。
口袋（背面）

表布前片（正面）
0.5　口袋（正面）　0.3
0.3　口袋（正面）　0.5
④車縫。
③疏縫。
③疏縫。

46

## 4 製作表袋

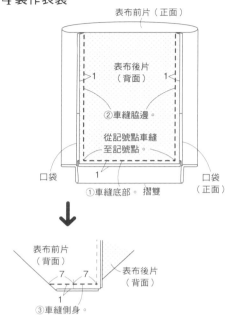

表布前片（正面）

表布後片（背面）

1　　1

② 車縫脇邊。

從記號點車縫至記號點。

口袋　1　　口袋
（正面）

① 車縫底部。　摺雙

表布前片（背面）

7　7

表布後片（背面）

1

③ 車縫側身。

## 5 將提把＆吊耳接縫固定於織帶上，再縫合接連成環狀

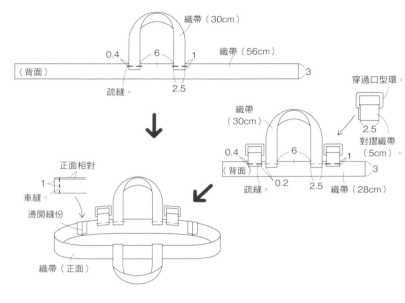

織帶（30cm）

0.4　6　1　　織帶（56cm）

3

疏縫。　2.5

穿過口型環。

2.5

對摺織帶（5cm）

織帶（30cm）

0.4　6　1

（背面）　　3

疏縫。　0.2　2.5　織帶（28cm）

正面相對

1

車縫

燙開縫份

織帶（正面）

## 6 將步驟5的織帶縫合固定於袋口

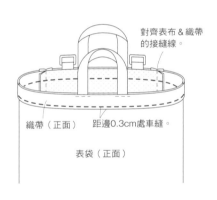

對齊表布＆織帶的接縫線。

織帶（正面）　距邊0.3cm處車縫。

表袋（正面）

## 7 製作內口袋＆接縫於裡布

＊口袋的作法參見P.13。

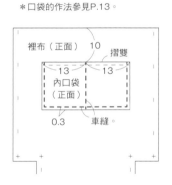

裡布（正面）　10　摺雙

13　13

內口袋（正面）

0.3　車縫。

## 8 製作裡袋

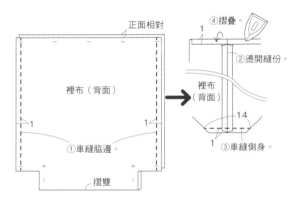

正面相對

④ 摺疊

1　② 燙開縫份。

裡布（背面）

裡布（背面）

1　　1

① 車縫脇邊

14

1　③ 車縫側身。

摺雙

## 9 縫合表袋＆裡袋的袋口

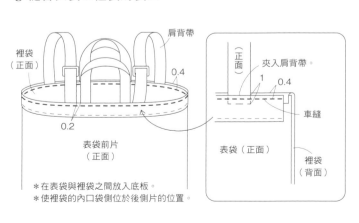

裡袋（正面）　肩背帶

0.4

0.2

表袋前片（正面）

正面　夾入肩背帶。

1　0.4

車縫

表袋（正面）

裡袋（背面）

＊在表袋與裡袋之間放入底板。
＊使裡袋的內口袋側位於後側片的位置。

完成！

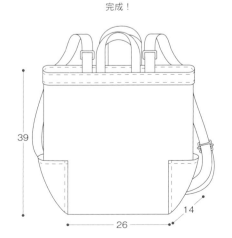

39

26　14

# 14

令人驚喜的3way變化

## 隨身後背包

可改變背帶用法，任意變化成斜肩包、後背包、托特包等三種
使用方法，機能又便利。可放入A4資料夾的日常實用尺寸，
隨時都能背著就走！

How to make P.50
design & make：服のかたちデザイン 岡田桂子

布料提供／fabric bird・輕鬆燙布襯提供／ホームクラフト・副料提供／日本紐釦

## 後背包

打開肩背帶拉鍊，變身成後背包！

## 斜肩包

閉合拉鍊，變成單肩背帶的斜肩包！

### 托特包

將肩背帶收入背側口袋中，即可作為托特包使用。

*14*

# 隨身後背包

（ P.48 ）

● **完成尺寸**

寬25×高36cm×側身11cm（不包含提把）

● **原寸紙型**

A面［14］－1上前片・2後片

● **材料**

11號帆布（亮紅色）

　…寬110cm×100cm

平紋棉布（紅色）…50×50cm

輕鬆燙布襯（條紋）…60×45cm

寬2.5cm織帶…200cm

長20cm 的METALLION仿金屬拉鍊

　（No.5）…1條

長30cm 的FLATKNIT®尼龍拉鍊…1條

長50cm 的METALLION仿金屬雙頭拉鍊

　（No.5）…1條

內徑2.5cm的塑料D型環・

　問號鉤・日型環…各2個

直徑1.2cm的壓釦…1組

---

**裁布圖&尺寸**

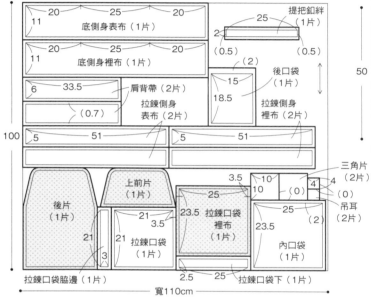

11號帆布（亮紅色）

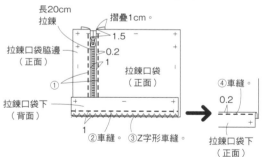

平紋棉布（紅色）

斜裁後，接縫
成2條125cm
滾邊條。

4.5

50

45°

50

＊（　）內為縫份。
　若無特別指定，縫份皆為1cm。
＊ ▨ 處須於背面燙貼輕鬆燙布襯。

**縫製順序**

**1 製作拉鍊口袋**

①接縫拉鍊。

＊接縫方法參見P.99－4－①。

**2 接縫提把**

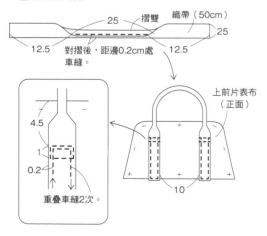

織帶（50cm）

摺雙

25

12.5　　對摺後，距邊0.2cm處　12.5
　　　　車縫。

25

4.5

1

0.2

**重疊車縫2次。**

10

上前片表布
（正面）

**3 接縫前片**

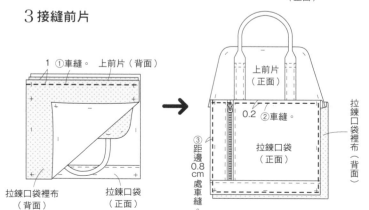

## 4 製作肩背帶

①車縫。
0.7
長30cm 拉鍊（正面）
1
②摺疊。
1.5
肩背帶（正面）
3
上耳側

③車縫。
摺雙
織帶（55cm）
0.7    0.2
⑤車縫。    ④插入。
＊另一側也相同作法車縫。

摺往正面。

0.5 ─ 0.2

## 5 製作三角片

＊吊耳的作法參見P.46。

距邊0.3cm處車縫。
穿過D型環。
對摺織帶
（6cm）
1.5
夾入吊耳
摺雙  摺疊。

## 6 製作後片

0.8 疏縫
肩背帶（正面）

後片表布（正面）
0.8 疏縫
提把  摺雙  織帶（25cm）
0.2  對摺後車縫。
提把  10  摺雙

0.5
0.2
車縫。

1
1    0.2
車縫。

後口袋（正面）

0.8
2    6.5    0.2
將三角片疏縫固定。
車縫。

## 7 製作內口袋 & 接縫於後片表布的背面

後片表布（背面）
車縫距邊0.2cm處
1
內口袋（正面）
0.8    疏縫

## 8 製作拉鍊側身 & 縫上吊耳

＊側身的作法參見P.99－8拉鍊側身的作法。

（正面）
2
摺疊。
疏縫
0.8
吊耳
拉鍊側身表布（正面）
長50cm的拉鍊
摺雙
對摺
＊另一側也相同作法車縫固定。

## 9 以底側身夾縫拉鍊側身

底側身表布（背面）
1
車縫。    車縫。
底側身裡布（正面）
拉鍊側身表布（正面）

翻回正面疏縫固定。
＊參見P.99－9。

## 10 縫合主體 & 側身

背面（正面）
肩背帶（正面）
側身裡布（正面）
對齊記號。

弧邊縫份剪牙口。
1

車縫。
＊以相同作法縫合主體前片 & 側身。

從記號車縫至記號。
邊角剪牙口。

＊滾邊條的縫合方法參見P.63。
＊請預先拉開拉鍊。

主體（背面）
①車縫。  0.2
側身（背面）
②包捲縫份車縫。
1
重疊1cm，剪去多餘的部分。
滾邊條（背面）

## 11 製作提把釦絆

（正面）
1  摺疊。
0.5
0.5
1  摺疊。

壓釦（凸）    壓釦（凹）
摺雙
1.5  距邊0.2cm處車縫。  4  對摺。

## 12 接縫固定提把釦絆 & 肩背帶

提把釦絆
（凸）
距邊0.5cm處車縫。
3.5
提把

日型環
3.5
0.5
車縫。

間號鉤

完成！

36
11
25

# 15, 16

整理桌面的可愛置物袋
## 迷你小提袋

一次製作數個，用來收納零碎的小雜物，將桌面整理得
可愛又整齊吧！

How to make P.54
design & make：komihinata 杉野未央子

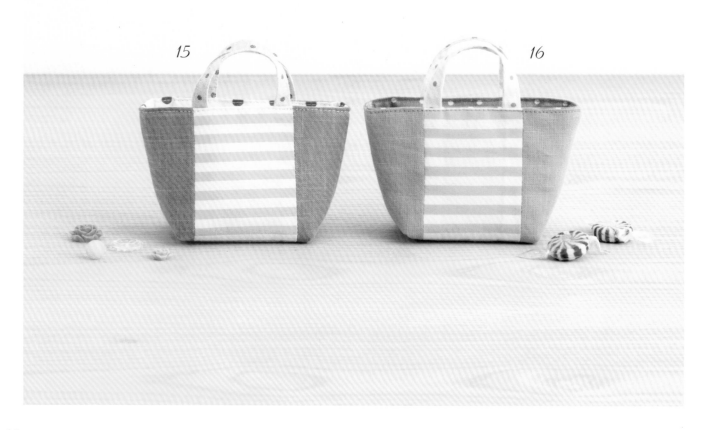

15

16

# *17, 18*

### 令人想多作幾個的禮物好選擇
## 輕巧扁包

零碼布也可以完成的輕巧扁包。可以代替波奇包或用於收納文具，
作為小禮物也很適合哩！

How to make P.55
design & make：komihinata 杉野未央子

## 15, 16
# 迷你小提袋
（ P.52 ）

**● 材料（1個）**
棉布（條紋）…8×24cm
棉布（素色）…12×24cm
棉布（點點A）…16×24cm
棉布（點點B）…8×12cm
單膠鋪棉…14×22cm

**● 完成尺寸**
寬8×高8×側身6cm（不包含提把）

---

**裁布圖&尺寸**

棉布（條紋）

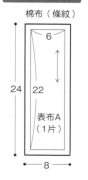

6
24
22
表布A
（1片）
8

棉布（素色）

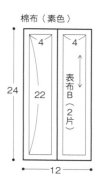

4　4
24
22
表布B
（2片）
12

棉布（點點A）

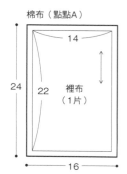

14
24
22
裡布
（1片）
16

棉布（點點B）

2　2
12　10　提把
（2片）
8

單膠鋪棉

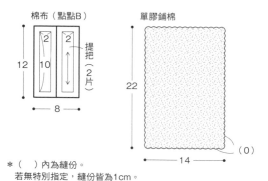

22
14
（0）

\* （ ）內為縫份。
若無特別指定，縫份皆為1cm。

**縫製順序**

### 1 接縫表布A・B

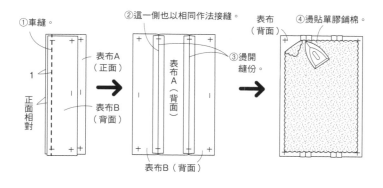

①車縫。
②這一側也以相同作法接縫。
表布A（正面）
表布A（背面）
③燙開縫份。
④燙貼單膠鋪棉。
表布（背面）
表布A（背面）
1
正面相對
表布B（背面）
表布B（背面）

### 2 製作表袋

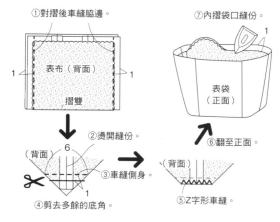

①對摺後車縫脇邊。
⑦內摺袋口縫份。
1
表布（背面）
摺雙
表袋（正面）
⑥翻至正面。
②燙開縫份。
（背面）
6
③車縫側身
（背面）
1
④剪去多餘的底角。
⑤Z字形車縫。

### 3 製作裡袋

依步驟2-①至⑤相同作法縫製。

⑥內摺袋口縫份。

1
裡袋（背面）

### 4 製作提把

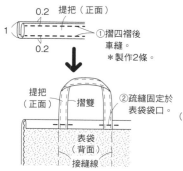

0.2
提把（正面）
1
0.2
①摺四摺後車縫。
\*製作2條。
提把（正面）
摺雙
②疏縫固定於表袋袋口。
表袋（背面）
接縫線

### 5 縫合表袋&裡袋

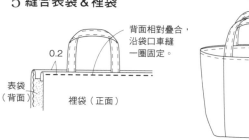

背面相對疊合，沿袋口車縫一圈固定。
0.2
表袋（背面）
裡袋（正面）

完成！

8
6
8

## 17, 18

# 輕巧扁包

（ P.53 ）

● **完成尺寸**
寬15×高18cm（不包含提把）

● **材料**

棉布（雲朵）…19×38cm
棉布（格子）…25×28cm

棉布（蝴蝶結）…19×38cm
棉布（點點）…25×28cm

---

**裁布圖&尺寸**

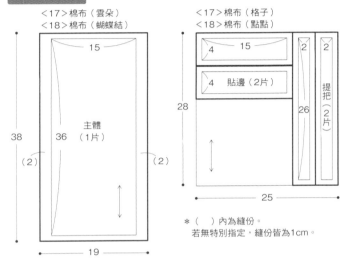

＜17＞棉布（雲朵）
＜18＞棉布（蝴蝶結）

15

38
（2）

36
主體
（1片）

（2）

19

＜17＞棉布（格子）
＜18＞棉布（點點）

4　15

4　貼邊（2片）

28

2

2
提把（2片）

26

25

＊（　）內為縫份。
　若無特別指定，縫份皆為1cm。

**縫製順序**

### 1 製作提把

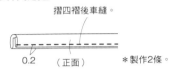

摺四褶後車縫。

0.2　（正面）　＊製作2條。

### 2 將主體接縫上提把&貼邊

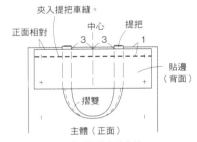

夾入提把車縫。

正面相對　中心　提把
3　3　1
貼邊（背面）

摺雙

主體（正面）

＊另一側也以相同作法車縫。

### 3 車縫脇邊

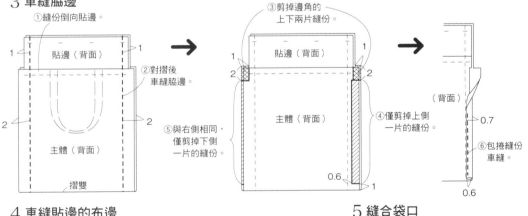

①縫份倒向貼邊。

1　貼邊（背面）　1

②對摺後車縫脇邊。

2　主體（背面）　2

摺雙

③剪掉邊角的上下兩片縫份。

1　貼邊（背面）　1
2　　　　　　　2

主體（背面）

⑤與右側相同，僅剪掉下側一片的縫份。

④僅剪掉上側一片的縫份。

0.6

（背面）

0.7

⑥包捲縫份車縫。

0.6

### 4 車縫貼邊的布邊

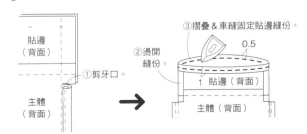

貼邊（背面）

①剪牙口。

主體（背面）

②燙開縫份。

③摺疊&車縫固定貼邊縫份。

0.5

1　貼邊（背面）

主體（背面）

### 5 縫合袋口

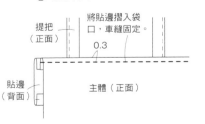

提把（正面）

將貼邊摺入袋口，車縫固定。

0.3

貼邊（背面）

主體（正面）

完成！

18

15

19

20

# 19, 20

袋內物品的整理好幫手
## 袋中袋

雖然兩款的表袋的作法相同 ，但作品19的裡袋加上收
納口袋的設計。請依自己隨身常備的物品類型，製作方
便個人使用習慣的包款吧！

How to make P.58
design & make：komihinata 杉野未央子

眼鏡、鑰匙、護唇膏……想要有
條理地分類收納＆將隨身小物輕
巧帶著走時，首選有口袋的設
計！

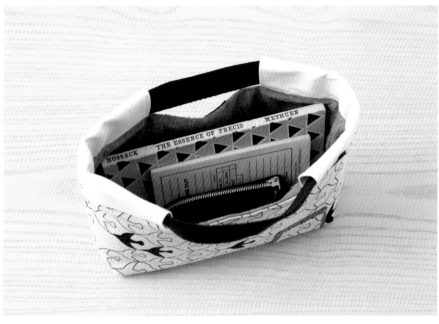

想要輕鬆放入書本＆手帳等略大
的隨身物品時，推薦使用無口袋
的設計！

## 19, 20
# 袋中袋
（ P.56 ）

● 完成尺寸
寬20×高18×側身6cm

⑲ 材料
牛津布（花朵＆圓圈）…35×40cm
平織布（原色）…35×40cm
平織布（點點・條紋）…各22×24cm
11號帆布（淡灰色）…34×20cm
單膠鋪棉…26×34cm
寬3cm織帶（灰色）…53cm

⑳ 材料
棉麻帆布（飛鳥）…35×40cm
青年布（牛仔藍）…35×40cm
11號帆布（原色）…34×20cm
單膠鋪棉…26×34cm
寬3cm織帶（深藍色）…53cm

---

### 裁布圖＆尺寸

<19>牛津布（花朵＆圓圈）
<20>棉麻帆布（飛鳥）

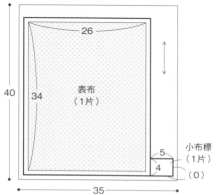

26
表布（1片）
40
34
35
小布標（1片）（0）
5
4

<19>平織布（原色）
<20>青年布（牛仔藍）

26
裡布（1片）
40
34
35
大布標（1片）（0）
6
5

<19>11號帆布（淡灰色）
<20>11號帆布（原色）

32
口布（2片）
8
20
34

<19>平織布（點點・條紋）

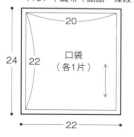

20
口袋（各1片）
24
22
22

＊（　）內為縫份。若無特別指定，縫份皆為1cm。
＊ 處須於背面燙貼單膠鋪棉。

### 縫製順序　　<19・20共通>

#### 1 接縫布標

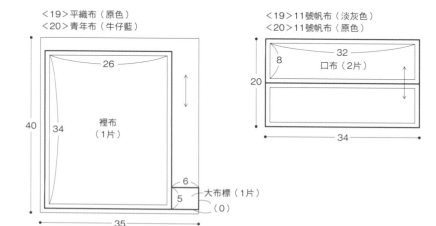

①將大小布標的四邊縫份內摺。
布標（背面）
0.5
0.5
大（正面）
②重疊車縫。
0.2 小（正面）

28
表布（正面）
10
0.2
5
布標（正面）
③車縫

#### 2 製作表袋

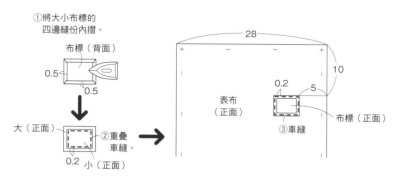

①車縫。
正面相對
表布（背面）
1
1
摺雙

②燙開縫份。
背面
6
③車縫側身。
④修剪縫份。
1
⑤翻至正面。

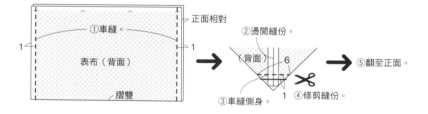

## 3 製作裡袋

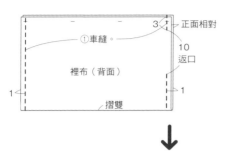

* 以表袋相同作法車縫側身，
  但不須進行步驟⑤。

<19> 車縫口袋

## 3 製作裡袋

* 分別縫製口袋，再車縫固定於裡布。
* 參見P.13口袋的作法，
  以不同圖案的布料製作2片。

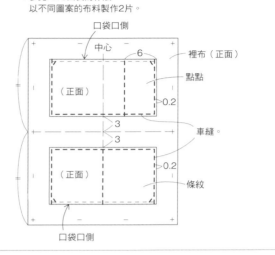

## 4 製作口布

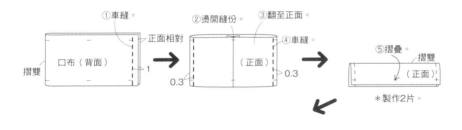

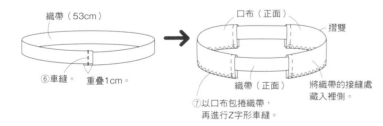

## 5 將口布接縫於表袋

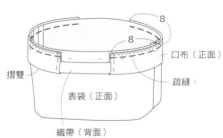

## 6 縫合表袋&裡袋

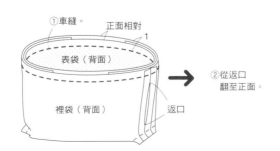

完成！

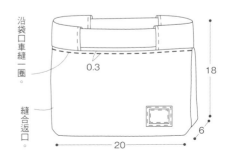

# *Part 2* 搭配用途的功能型包款

本單元將為你介紹旅行外出包、
戶外活動隨身包、家中使用的收納包……
各式各樣用途的推薦包款。

旅行

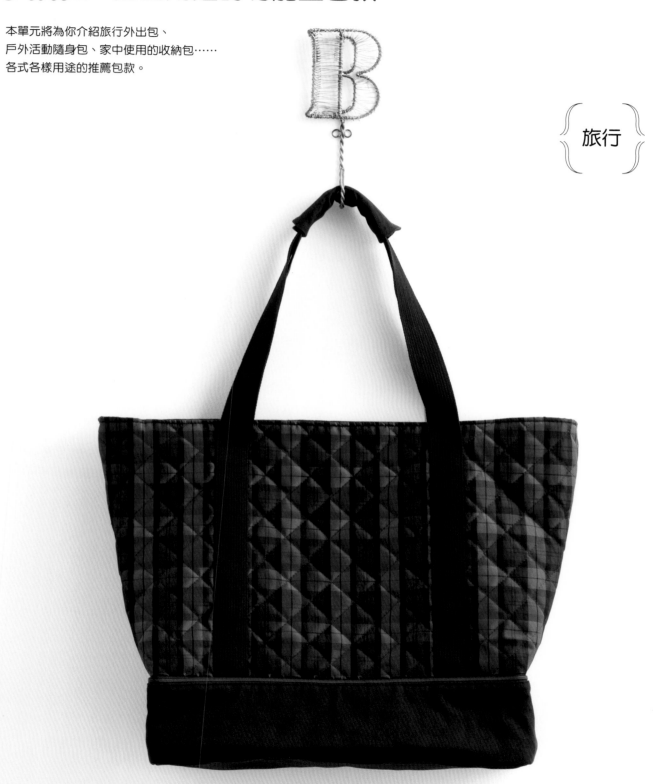

# *21*

## 獨立鞋袋空間
## 大容量托特包

一至兩天輕旅行適用的大容量托特包,而且還有
隔層鞋袋!打開下層的拉鍊,就能輕鬆收納一雙
鞋子。不限於旅行使用,去健身房運動、上課學
習,或戶外活動等,都是實用度極高的推薦包
款。

How to make P.62
design & make:服のかたちデザイン 岡田桂子

底部的鞋袋空間,男生尺寸的運動鞋也能輕鬆收
納。屬於橫長型的包款,所以無法摺疊的物品也能
簡單放入。

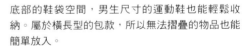

後側的拉鍊口袋也是可以穿過行李
箱拉桿的固定片,搬運行李時安定
感十足又方便。

# 大容量托特包

（ P.60 ）

● 完成尺寸

寬42×高41.5×側身15cm（不包含提把）

● 材料

防水壓棉布（英格蘭格紋）…103×90cm
11號帆布（深藍色）…110cm寬×65cm
密織平紋布（深藍色）…110cm寬×70cm
寬3.8cm壓克力棉織帶…250cm
長20cm・60cm・100cm尼龍拉鍊…各1條
寬2.5cm的魔鬼氈…16cm

**裁布圖&尺寸**　　　　　　　　　　　　　　　**縫製順序**

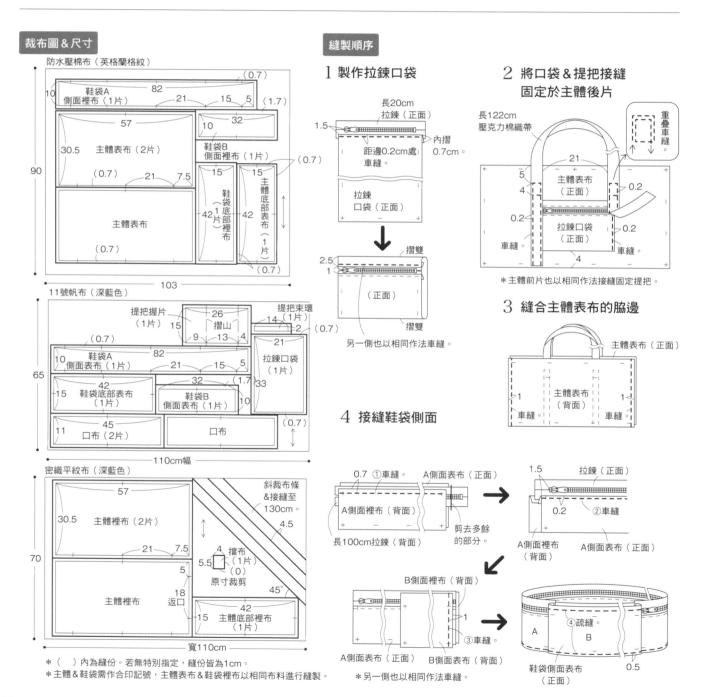

\* （ ）內為縫份。若無特別指定，縫份皆為1cm。
\* 主體&鞋袋需作合印記號，主體表布&鞋袋裡布以相同布料進行縫製。

## 5 將鞋袋側面 & 主體底部與主體表布進行接縫

主體表布（正面）

鞋袋側面裡布（正面）

主體表布（背面）

0.7 ③車縫。 ①燙開縫份。

②對齊主體後片 & B側面的中心。

1

④將主體翻至背面。

鞋袋側面（正面）

主體表布（背面）

0.7

底主體表布（背面）

⑤將鞋袋側面夾縫於主體與底布之間。

對齊合印記號。

邊角剪缺口。

主體（背面） 0.1

對齊剪開缺口的邊角，壓開縫分進行車縫。

## 6 接縫鞋袋底部

背面相對 0.8 ①車縫。

鞋袋底部裡布（正面）

表布（背面）

主體（正面）

鞋袋底部裡布（正面）

鞋袋側面裡布（正面）

1 ②車縫。

鞋袋底部裡布（正面）

③接縫滾邊條。

滾邊條（背面）

重疊1 cm，剪去多餘的部分。

0.2 1

④包捲縫份車縫壓線。

〈製作滾邊條〉

（正面） 0.5 車縫

（背面）

以熨斗燙開縫份。

（正面）

（背面）

剪去多餘的部分。

〈轉角的處理〉

（正面）（背面） 1 ①

1

（正面）（背面）

（正面）（背面）

1

1 ②車縫。

（背面）

③車縫壓線。

## 7 製作口布

摺雙

1 口布（背面） 1

①車縫。 ＊另一片口布也以相同作法縫合。

製作擋布

③兩側內摺

0.5 擋布（背面）

內摺 0.5 cm。

0.5

0.5 ④車縫。（背面）摺雙

口布（正面） 1

0.2 ②車縫。

0.2 ①車縫。

8

剪掉多餘的拉鍊後夾住。

1

拉鍊（背面）

摺疊邊端。

長60cm拉鍊（正面）

## 8 將口布接縫於表袋

0.8 車縫。 口布（背面）

表袋（背面）

對齊主體 & 口布的中心。

翻至正面。

## 9 製作裡袋，與表布縫合固定

預先打開拉鍊。夾住口布。

表袋（背面）

1 ③對齊袋口縫合。 1

①車縫脇邊

裡袋（背面）

18 返口

底主體裡布（背面）

1 ②接縫底部。

④從返口翻回正面，縫合返口。

燙開縫份。

⑤口布往裡袋側摺後，四片一起車縫。

0.5

表袋（正面）

（背面）

③車縫壓線。

完成！

提把握片

提把

提把握片

## 10 製作提把握片

提把握片

③對摺。

0.2

②車縫

2 ①摺疊。

提把握片（正面）

摺雙

7.5 7.5

④車縫。 1

⑤車縫兩脇邊。

摺雙

9

內摺 1 cm。

（正面）

4

⑥翻至正面。 摺雙

⑧車縫固定2×2cm的魔鬼氈。

2.5×14cm 魔鬼氈

0.2

2

0.2 ⑦車縫。

魔鬼氈

剪去邊角。

41.5

42

15

# 22

大容量2way
## 波士頓包

37公升的大容量，三至四天的旅行也OK！除了作為旅行包，健身運動時使用也非常推薦。也可以裝上背帶，變身為斜背包。

How to make P.66
design & make：yu*yu おおのゆうこ

可以掛在行李箱提把上的口袋。

# 23

## 以防護墊隔片包圍守護
## 相機包

可以安心裝入單眼相機＆鏡頭的理想尺寸。包包主體
＆隔間皆加入鋪棉芯，防撞性能絕佳。可收納記憶卡
等的小口袋，也是令人開心的貼心設計。

How to make P.67
design ＆ make：mini-poche 米田亜里

裡袋的活動式防護墊隔片可以自由變換隔間配置。

## 22

# 波士頓包

（ P.64 ）

### ● 完成尺寸
袋口側身10×寬55×高35×底側身20cm（不包含提把）

### ● 原寸紙型
A面［22］－1上主體・2底部・3主體裡布

● 材料

緹花布（織錦緞圖紋）…85×70cm
11號帆布（藤紫色）…85×50cm
11號帆布（原色）…85×110cm
棉布（點點）…40×35cm
棉麻布（淡紫色）…40×35cm
接著襯…85×65cm
寬3cm壓克力棉織帶…410cm

長60cm的5號尼龍拉鍊（雙頭）…1條
長20cm的尼龍拉鍊…1條
內徑3cm的D型環・問號鉤…各2個
內徑3cm的日型環…1個
布標（5.5×1.5cm）…1片

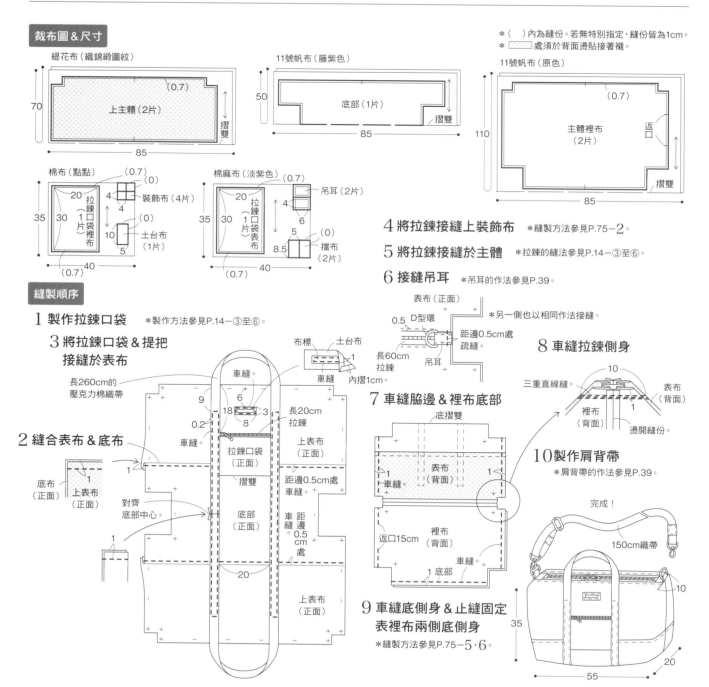

**裁布圖&尺寸**

＊（ ）內為縫份。若無特別指定，縫份皆為1cm。
＊ ▨ 處須於背面燙貼接著襯。

緹花布（織錦緞圖紋）

上主體（2片）
（0.7）
70
85
摺雙

11號帆布（藤紫色）

底部（1片）
50
85
摺雙

11號帆布（原色）

主體裡布（2片）
（0.7）
返口
110
85
摺雙

棉布（點點）
拉鍊口袋裡布（1片）
20  4
30
35
10
5
40
（0.7）

裝飾布（4片）
（0.7）
（0）
4
4

土台布（1片）
（0）
5

棉麻布（淡紫色）
拉鍊口袋表布（1片）
20
30
35
40
（0.7）

吊耳（2片）
（0.7）
4
6

擋布（2片）
（0）
5
8.5

**縫製順序**

1 製作拉鍊口袋　＊製作方法參見P.14－③至⑥。

3 將拉鍊口袋&提把接縫於表布

2 縫合表布&底布

4 將拉鍊接縫上裝飾布　＊縫製方法參見P.75－2。

5 將拉鍊接縫於主體　＊拉鍊的縫法參見P.14－③至⑥。

6 接縫吊耳　＊吊耳的作法參見P.39。

7 車縫脇邊&裡布底部

8 車縫拉鍊側身

9 車縫底側身&止縫固定表裡布兩側底側身　＊縫製方法參見P.75－5・6。

10 製作肩背帶　＊肩背帶的作法參見P.39。

完成！

66

## 23

# 相機包

（ P.65 ）

● **完成尺寸**
寬21×高17cm×側身10cm（不包含提把）

● **原寸紙型**
B面［23］－1主體・2底部

● **材料**
亞麻布（米白色）…100×65cm
亞麻布（牛仔藍）…40×50cm
棉布（碧藍色）…95×55cm
厚接著襯…100×60cm
薄接著襯…40×25cm
拼布棉襯…95×55cm
長30cm的尼龍拉鍊…1條

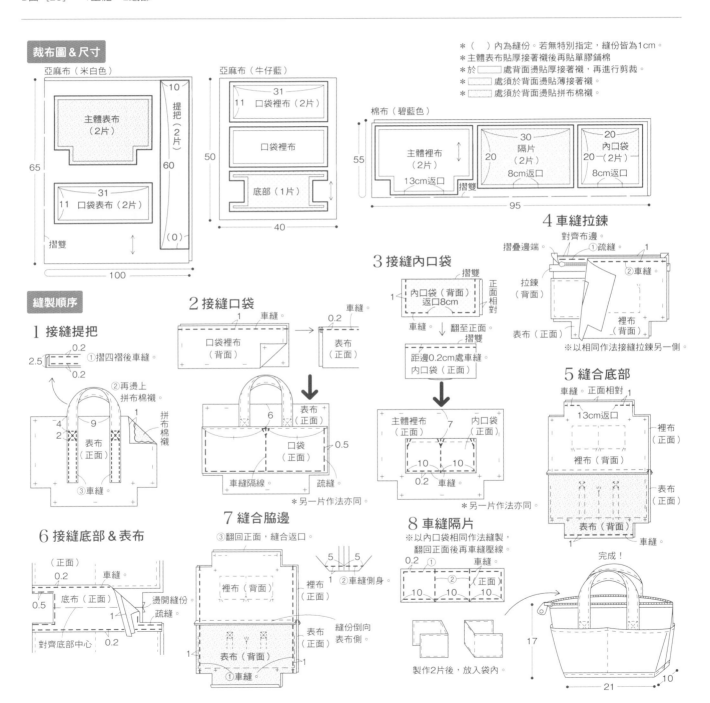

# 24

可以收納多張卡片的斜挎包
## 挎包型錢包

擁有大量內外口袋的挎包型錢包。手機、手帕
等隨身物品都能從容收納的大尺寸設計，方便
無拘無束地輕鬆出門。

How to make P.70
design & make：Needlework Tansy 青山惠子

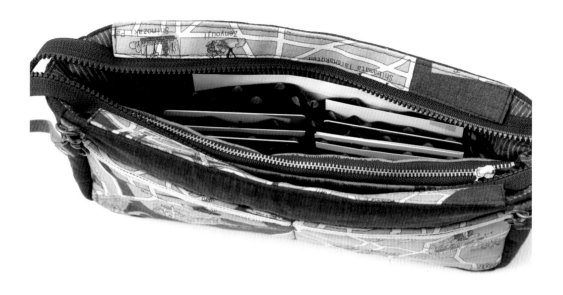

共有7個收納口袋，8個卡片收納格，作為錢包
使用超方便！是上街出門等活動的實用日常包。

因為可以斜背，也
很推薦作為旅行用
的貼身包。

# 揹包型錢包

( P.68 )

● 完成尺寸

寬26×高14×側身6cm（不包含提把）

● 材料

| | |
|---|---|
| 青年布（藏青色）…36×40cm | 厚接著襯…60×40cm |
| 牛津布（地圖）…28×36cm | 寬1.5cm的亞麻布條…60cm |
| 棉布（條紋）…28×22cm | 長25cm・40cm塑鋼拉鍊…各1條 |
| 棉布（點點）…28×60cm | 長25cm的金屬拉鍊…1條 |
| 亞麻布（條紋）…56×40cm | 內徑1.2cm的D型環・問號鉤…各2個 |
| 亞麻布（英文字）…28×44cm | 寬1cm皮革帶…120cm |
| 皮片…4×1cm×2片・3×3cm×2片 | 直徑0.6cm固定釦…4組 |
| 單膠鋪棉…65×35cm | 直徑0.7・0.9cm固定釦…各2組 |

**裁布圖&尺寸**

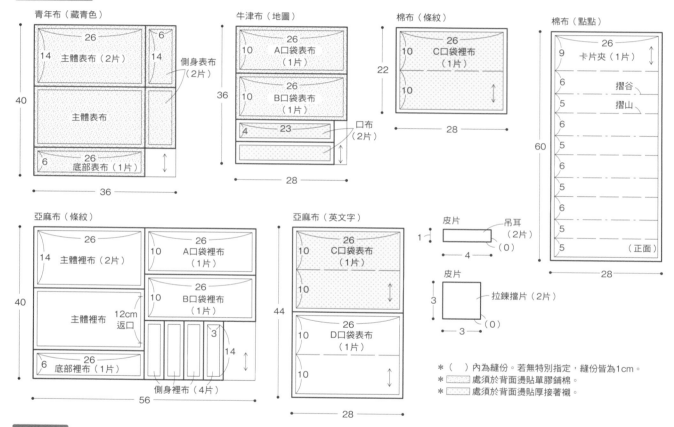

* （ ）內為縫份。若無特別指定，縫份皆為1cm。
* ▨ 處須於背面燙貼單膠鋪棉。
* ▨ 處須於背面燙貼厚接著襯。

**縫製順序**

## 1 製作A口袋&車縫於主體表布上

\* 參見P.38拉鍊口袋作法縫製A口袋。

## 2 製作B口袋&車縫於主體表布上

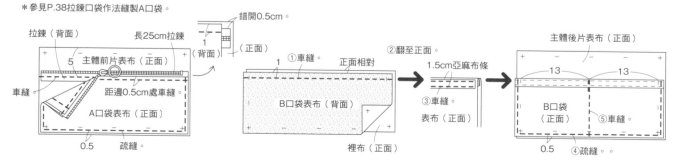

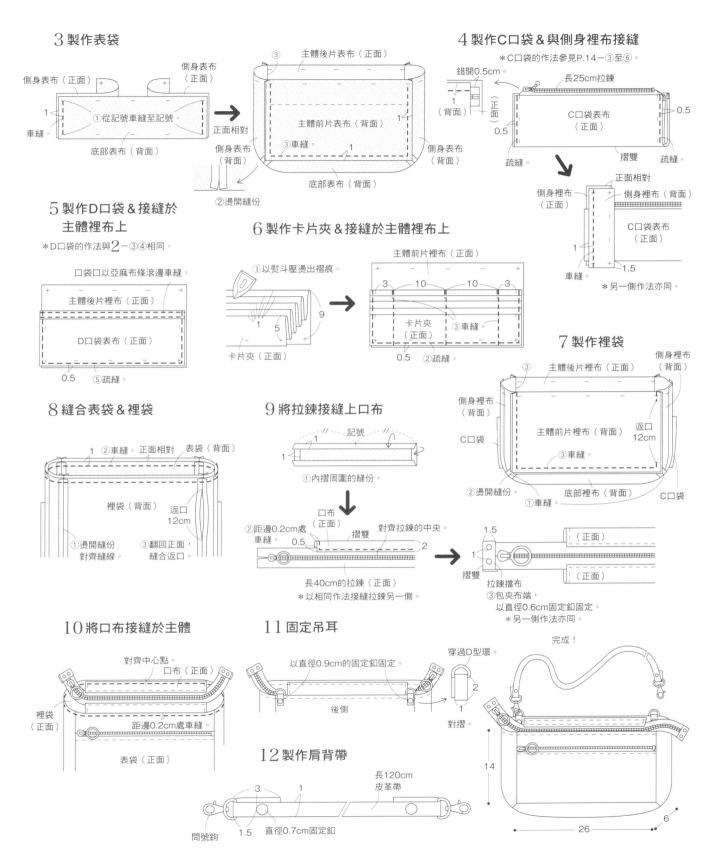

### 3 製作表袋

側身表布（正面）　側身表布（正面）
①從記號車縫至記號。
1
車縫
底部表布（背面）

→

③　主體後片表布（正面）
正面相對
主體前片表布（背面）
③車縫。　　　1
側身表布（背面）
側身表布（正面）
底部表布（背面）
②燙開縫份

### 4 製作C口袋&與側身裡布接縫

*C口袋的作法參見P.14－③至⑥。

錯開0.5cm　　長25cm拉鍊
（背面）　（正面）　　　　　　　　0.5
0.5　　C口袋表布（正面）
疏縫。　　摺雙　　疏縫。

↓

正面相對
側身裡布（正面）　側身裡布（背面）
C口袋表布（正面）
1
車縫。　　1.5
*另一側作法亦同。

### 5 製作D口袋&接縫於主體裡布上

*D口袋的作法與2－③④相同。

口袋口以亞麻布條滾邊車縫。
主體後片裡布（正面）
D口袋表布（正面）
0.5　　⑤疏縫。

### 6 製作卡片夾&接縫於主體裡布上

①以熨斗壓燙出褶痕。
1　5　9
卡片夾（正面）

→

主體前片裡布（正面）
3　10　10　3
卡片夾（正面）　②車縫。
0.5　②疏縫。

### 7 製作裡袋

③　主體後片裡布（正面）　側身裡布（背面）
側身裡布（背面）
C口袋　　主體前片裡布（背面）　返口12cm
③車縫。
②燙開縫份　　底部裡布（背面）　C口袋
①車縫。

### 8 縫合表袋&裡袋

1　②車縫。正面相對　表袋（背面）
裡袋（背面）　返口12cm
①燙開縫份對齊縫線。　③翻回正面，縫合返口。

### 9 將拉鍊接縫上口布

記號
1
1
①內摺周圍的縫份。

↓

口布（正面）
②距邊0.2cm處車縫。　摺雙　對齊拉鍊的中央。
0.5　　2
長40cm的拉鍊（正面）
*以相同作法接縫拉鍊另一側。

→

1.5　（正面）
1
摺雙　拉鍊擋布　（正面）
③包夾布端，以直徑0.6cm固定釦固定。
*另一側作法亦同。

### 10 將口布接縫於主體

對齊中心點。
口布（正面）
裡袋（正面）
距邊0.2cm處車縫。
表袋（正面）

### 11 固定吊耳

以直徑0.9cm的固定釦固定。
後側
穿過D型環。
2
1
對摺。

### 12 製作肩背帶

長120cm皮革帶
3　1
1.5　直徑0.7cm固定釦
問號鉤

完成！
14
26　　6

## 25, 26

不怕沾濕的速乾材質
### 溫泉包＆束口袋組

以紗網般的布材製作袋體，就算放入溼衣物，
袋身也能快速乾燥。搭配上特製的束口袋套
組，為溫泉之旅增添倍的樂趣吧！

How to make P.74
design & make：sewsew 新宮麻里

內側有兩個
收納口袋。

# 27

## 可以輕鬆裝入許多名產
## 保溫保冷包

需要冷藏或冷凍的名產，通通裝入大容量的包包中！此外也是日常上街購物＆育樂活動時的萬用包

How to make P.75
design & make：yu*yu おおのゆうこ

裡袋以保溫保冷墊製作。

# 溫泉包&束口袋組

（P.72）

● **完成尺寸**

包包：寬26×高24×
側身10cm（不包含提把）
束口包：寬26×高36cm

● **原寸紙型**

B面［25］－1主體

● **材料**

＜包包＞
聚酯纖維硬紗（花朵印花）
　…70×60cm
寬1.1cm的斜布條…320cm
直徑1.3cm的塑膠壓釦…1組

＜束口袋＞
緞面布（銀灰色）
　…30×80cm
寬2.5cm的緞帶（粉紅色）
　…60cm
粗0.4cm的繩子…150cm
大孔飾珠（穿孔直徑0.5cm）
　…2個

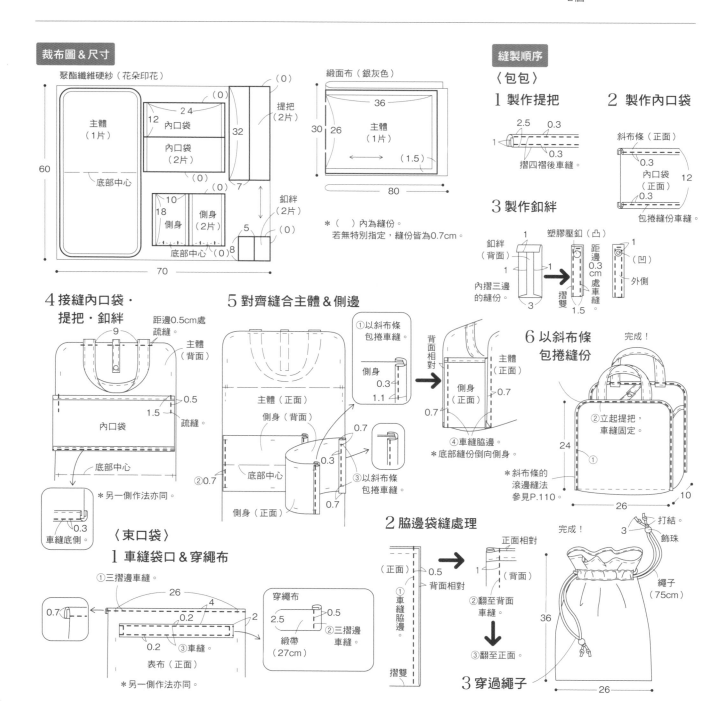

## 27

# 保溫保冷包

（ P.73 ）

● **完成尺寸**
寬35×高37×側身18cm（不包含提把）

● **原寸紙型**
B面［27］－1底部・2裡布

● **材料**
棉布（西洋梨）…60×60cm
棉布（黃綠色）…60×40cm
棉布（橄欖綠）…65×35cm
保溫保冷墊…60×100cm
長50cm的雙頭拉鍊…1條

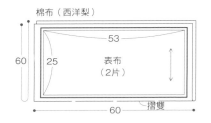

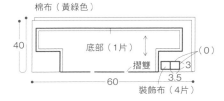

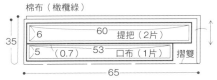

＊（ ）內為縫份。若無特別指定，縫份皆為1cm。

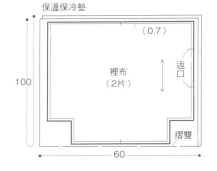

縫製順序

## 1 將提把&口布接縫於表布

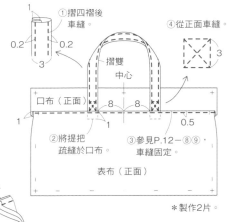

＊製作2片。

## 2 接縫拉鍊裝飾布

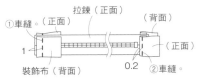

## 3 將袋口接縫上拉鍊

＊參見P.99－8①至④。

## 4 接縫表布&底部

＊縫份倒向底側，
從正面車縫。

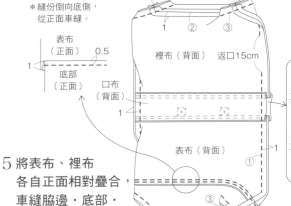

## 5 將表布、裡布
各自正面相對疊合，
車縫脇邊・底部・
側身

## 6 將表裡布的
側身縫份
車縫固定

各自對齊★與★・▲與▲，
車縫固定側身。

↓

從返口翻回正面，
縫合返口。

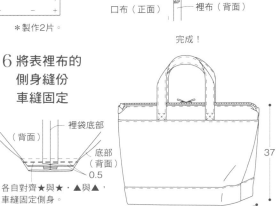

完成！

## 28

手拿也OK
### 荷葉邊肩背包

搭配多層次荷葉邊，以金色鏈條增添些許高級感的肩背包。
使用方便直接裁剪的仿麂皮材質，不須處理布邊超簡單！

How to make P.78
design & make：服のかたちデザイン 岡田桂子

拆下鏈條，當作
手拿包使用也很
美呢！

# 29

## 圓潤討喜的懷舊復古風
## 口金肩背包

以美麗的刺繡布材製作而成的口金包。底部加入褶襇，圓潤蓬鬆的設計非常討喜可愛。正式場合或搭配輕便服裝都非常合適。

How to make P.79
design & make：mini-poche 米田亜里

接上短提把，變身俏麗手拿包。

# 荷葉邊肩背包

（ P.76 ）

● **完成尺寸**

寬28×高16.5×側身6cm（不包含提把）

● **原寸紙型**

B面［28］－1表布・2裡布

● **材料**

仿麂皮（芥末綠）…117cm寬×60cm
密織平紋布（黃綠色）…40×40cm
長30cm的尼龍拉鍊…1條
直徑1.5cm 的D型環…2個
長120cm附問號鉤鏈條…1條

---

**裁布圖&尺寸**

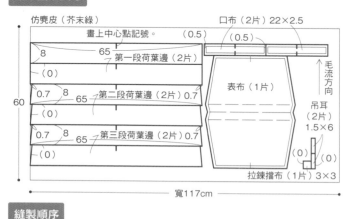

仿麂皮（芥末綠）
畫上中心點記號。 （0.5）
8　65　第一段荷葉邊（2片）
（0）
0.7　8　65　第二段荷葉邊（2片）0.7
（0）
0.7　8　65　第三段荷葉邊（2片）0.7
（0）
60
寬117cm

口布（2片）22×2.5
（0.5）
表布（1片）
吊耳（2片）1.5×6
毛流方向
拉鍊擋布（1片）3×3

密織平紋布（黃綠色）
40
裡布（1片）
返口10cm
摺雙
40

＊（ ）內為縫份。
若無特別指定，縫份皆為1cm。
＊仿麂皮有毛流方向性，
請確認上・下（順毛・逆毛），
裁布時保持統一方向。

**縫製順序**

## 1 將第三＆第二段荷葉邊接縫於表布

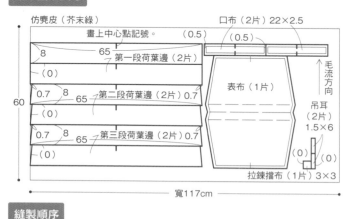

①雙線粗針目車縫。
表布（正面）
對齊布邊＆記號。
0.8
1.2　第三段荷葉邊（正面）
拉線。
②對齊記號後以珠針固定，拉緊縫線作出細褶。

1　③車縫。　表布（正面）
0.8　第三段荷葉邊（正面）　0.8
④將縫份疏縫固定。

＊第二段荷葉邊也以相同作法車縫。
另一片表布也以相同作法車縫荷葉邊。
＊接縫上荷葉邊後，請抽出細褶的粗縫線。

## 2 製作口布＆接縫於表布袋口

①正面相對對摺，車縫兩端。
0.5　摺雙　口布（背面）
②翻回正面疏縫。
口布（正面）0.8
＊製作2片。

③參見P.63-7作法車縫拉鍊，但不須接縫拉鍊擋布。

拉鍊（背面）
④對齊中心，接縫口布。
0.8　中心
口布・背面
表布（正面）
第二段荷葉邊（正面）
⑤以相同作法接縫另一側。

## 3 製作表袋

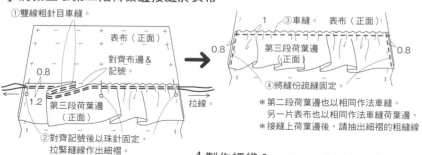

正面相對
脇邊　②車縫脇邊。　脇邊
表布（背面）
摺雙　摺山
①摺疊底側身。

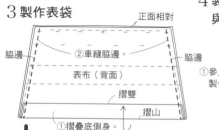

0.8
摺雙
表布（正面）
脇邊
③將吊耳穿過D型環，疏縫固定於兩脇邊。

## 4 製作裡袋＆與表袋縫合

②裡袋＆表袋正面相對縫合。

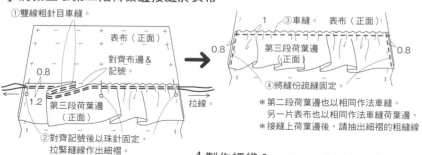

表袋（背面）
1
裡袋（背面）
③縫合返口
翻回正面。

①參見P.107-2製作裡袋。

## 5 處理袋口，接縫第一段荷葉邊

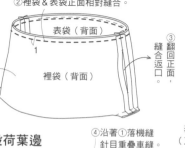

①表袋口內摺，車縫落機縫。
1.2

②車縫兩脇邊，燙開縫份。
第一段荷葉邊（背面）
1
脇邊對齊

④沿著落機縫針目重疊車縫。
內袋（正面）
1.2
脇邊對齊
第一段荷葉邊（正面）
表袋（正面）
③以1-①・②相同方式抽細褶。

## 6 接縫拉鍊擋布，並在底部車縫壓線

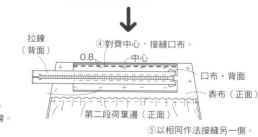

口布・正面
③距邊0.3cm處車縫。
②對摺後包夾邊端。
摺雙
拉鍊擋布（正面）
3.5
①保留指定長度的拉鍊，剪去多餘的部分。

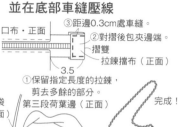

第三段荷葉邊（正面）
表袋（正面）
脇邊
0.5
2.5　底部
2.5　距邊0.5cm處車縫

完成！
16.5
28
6

*29*

# 口金肩背包

（ P.77 ）

● **完成尺寸**
寬25×高20×側身7cm（不含珠釦&提把）

● **原寸紙型**
B面［29］－1主體

● **材料**
刺繡布料…40×55cm
亞麻混紡三醋酸纖維緞背布（原色）…60×55cm
接著襯…40×60cm
拼布棉襯…40×60cm
長38cm附問號鉤鏈條（K107／角田商店）…1條
長120cm附問號鉤鏈條（K108／角田商店）…1條
口金…寬21×高10.5cm（F42／角田商店）…1個
紙繩…適量

---

## 裁布圖&尺寸

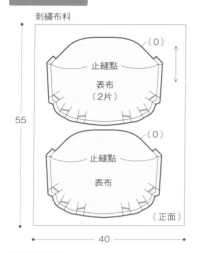

刺繡布料

表布（2片）
止縫點
（0）

表布
止縫點
（正面）

55
40

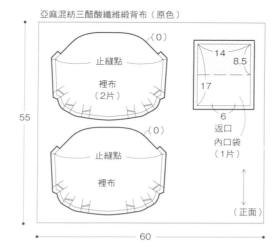

亞麻混紡三醋酸纖維緞背布（原色）

裡布（2片）
止縫點
（0）

裡布
止縫點
（正面）

55
60

14
8.5
17
6
返口
內口袋
（1片）

* （ ）內為縫份。若無特別指定，縫份皆為1cm。
* ▭處須於背面燙貼接著襯。
　表布先在背面燙貼接著襯，再依紙型剪裁。

---

## 縫製順序

1 製作表袋

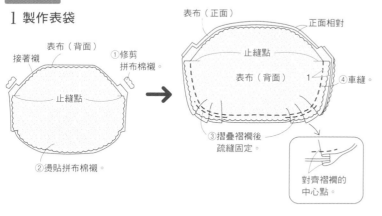

①修剪拼布棉襯。
接著襯
表布（背面）
止縫點
②燙貼拼布棉襯。

表布（正面）
正面相對
止縫點
表布（背面）
1
④車縫。
③摺疊褶襉後疏縫固定。

對齊褶襉的中心點。

2 製作裡袋

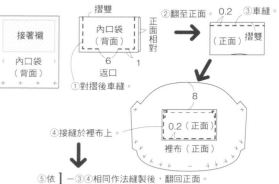

摺雙
接著襯
內口袋（背面）

內口袋（背面）
正面相對
6
1
返口
①對摺後車縫。

②翻至正面。
0.2
③車縫。
（正面）摺雙

④接縫於裡布上。
8
0.2（正面）
裡布（正面）

⑤依1－①④相同作法縫製後，翻回正面。

3 縫合表袋&裡袋的脇邊

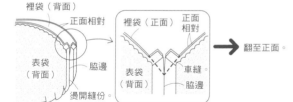

裡袋（背面）
正面相對
表袋（背面）
脇邊
燙開縫份

裡袋（正面）
正面相對
脇邊
車縫
表袋（背面）
脇邊

翻至正面。

4 縫合袋口

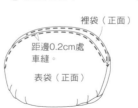

裡袋（正面）
距邊0.2cm處車縫。
表袋（正面）

5 固定口金

＊口金的固定方式參見P.27。

完成！

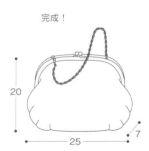

20
25
7

# 30, 31

備齊經典雙色！
## 黑・白荷葉邊手提包

從婚喪喜慶到學校的慶典活動，為了適用於正式場合，特別挑選高品質的波紋綢緞製作。以雙層布料製作的荷葉邊 & 花邊飾帶是設計重點。

How to make P.82
design & make：sewsew 新宮麻里

室內拖鞋也可以輕鬆裝入的尺寸。

*30*

*31*

# *32*

### 以具有高級感的棉質緞面布料製作
## 宴會包

棉質緞面布料帶有典雅的光澤感＆柔和溫潤的觸感，適合搭配
高級服飾的正式場合。前垂式袋蓋點綴上金色花邊飾帶，更顯
得優雅亮眼。

How to make P.83
design & make：mini-poche 米田亜里

正式場合絕對適
用的寬側身經典
袋型。

30, 31

# 黑・白荷葉邊手提包

（ P.80 ）

● 完成尺寸

寬28×高33cm（不包含提把）

● 材料（1個）

波紋綢緞（白色／黑色）…100×50cm
純棉緹花布（白色）／羅緞（黑色）…95×40cm
接著襯…45×45cm
花邊飾帶（銀色／黑色）…150cm

## 裁布圖&尺寸

波紋綢緞（白色／黑色）

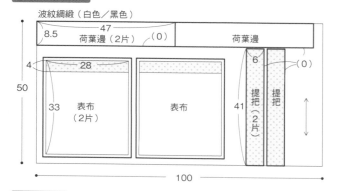

47
8.5　荷葉邊（2片）　（0）　　荷葉邊
4
28
50　　33　表布（2片）　　表布
　　　　　　　　　　　　　6　（0）
　　　　　　　　　　　　　41　提把（2片）　提把
100

純棉緹花布（白色）／羅緞（黑色）

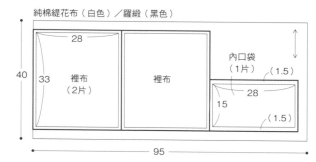

28
40　33　裡布（2片）　裡布
　　　　　　　　　　　　內口袋（1片）　（1.5）
　　　　　　　　　　　15　28　（1.5）
95

* （　）內為縫份。若無特別指定，縫份皆為1cm。
* ▨▨▨ 處須於背面燙貼接著襯。

## 縫製順序

### 1 製作荷葉邊

正面相對　荷葉邊（正面）
1　荷葉邊（背面）　1
車縫。　①車縫。

③三摺邊車縫。
6.5
②燙開縫份。　荷葉邊（背面）

2
④車縫一道粗針目縫線。

### 2 製作表袋，接縫上荷葉邊&花邊飾帶

正面相對　表布（正面）
1
①車縫。
表布（背面）

③荷葉邊對齊袋口。
②表袋內摺1cm。
④拉線作出細褶後，疏縫於袋口。
對齊。
表袋（正面）

⑤重疊&車縫固定花邊飾帶。
2
0.7
0.3
0.2
（背面）

表袋（正面）
脇邊　1　內摺1cm。
荷葉邊（正面）

### 3 製作裡袋

①三摺邊車縫。
0.3　0.7
內口袋（背面）
內摺1cm

裡布（正面）
10　②疏縫。
5　內口袋（正面）　5
0.3　③車縫。

正面相對　裡布（正面）
1
④車縫。
裡布（背面）
返口
10

### 4 製作提把

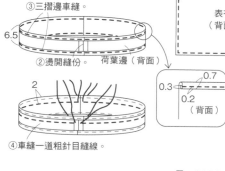

提把（背面）
摺雙　（正面）
4　　　　2
1
①摺四褶後車縫。

花邊飾帶（正面）
＊製作2條。
②重疊上花邊飾帶，沿上下兩邊車縫固定。

### 5 疏縫提把，縫合表袋&裡袋

①將提把疏縫固定於表袋的縫份上。
布邊　0.5　10

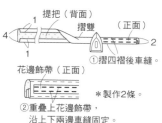

表袋（正面）
提把（背面）

正面相對　表袋（背面）
1
②表袋&裡袋正面相對縫合。
裡袋（背面）
返口

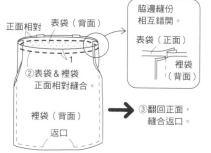

脇邊縫份相互錯開。
表袋（正面）
1
裡袋（背面）

③翻回正面，縫合返口。

完成！
在袋口距邊0.3cm處車縫一圈。

33
28

## 32

# 宴會包

（ P.81 ）

● 完成尺寸
寬23×高15×側身8cm（不包含提把）

● 原寸紙型
B面［32］－1主體·2側身·3袋蓋

● 材料
棉質緞面布料…80×60cm
亞麻混紡三醋酸纖維緞背布…60×60cm
拼布棉襯…60×40cm
接著襯…60×120cm
接著襯（硬）…30×25cm
芯材（厚0.6mm不織布）…11×7cm
寬1cm的花邊飾帶…60cm
直徑1.4cm磁釦…1組

---

**裁布圖&尺寸**

棉質緞面布料

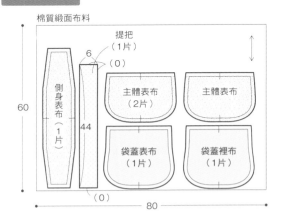

提把
（1片）
（0）

側身表布
（1片）

6

44

主體表布
（2片）

主體表布

袋蓋表布
（1片）

袋蓋裡布
（1片）

60

（0）

80

亞麻混紡三醋酸纖維緞背布

側身裡布
（1片）

主體裡布
（2片）

主體裡布

口袋
（1片）

14
8.5
17

60

60

＊（ ）內為縫份。
　若無特別指定，縫份皆為1cm。
＊▨處須於背面燙貼接著襯。
＊▨處的主體表布＆側身表布，
　請先貼上接著襯後，再燙貼拼布棉襯。
＊▨處須於背面燙貼接著襯（硬）。

---

**縫製順序**

## 1 製作&接縫口袋

＊口袋作法參見P.13。

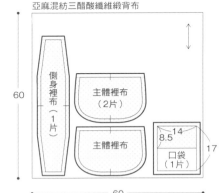

主體裡布
（正面）
中心
摺雙
5
口袋
（正面）
0.2
車縫。

## 2 製作裡袋

①車縫固定芯材。
11
0.3
側身裡布
（背面）
7
0.5
記號
底部中心
②剪牙口。

（正面）
③車縫。
正面相對
主體裡布（背面）
側身裡布
（背面）
④燙開縫份。
1
對齊記號。

## 3 製作表袋

＊將其中一片表布裝上磁釦
（凹）後，以裡袋相同作
法縫製表袋。

## 4 製作袋蓋

袋蓋表布（正面）
2
正面相對
1
①車縫固定
花邊飾帶。
袋蓋裡布（背面）
②將袋蓋裡布
裝上磁釦（凸）。
3.5
③車縫。
④弧邊縫份
剪牙口。

⑤翻至正面
0.2
袋蓋表布
（正面）
⑥車縫。

## 5 製作提把

摺四褶後
車縫。
0.2
0.2

完成！

## 6 縫合袋口

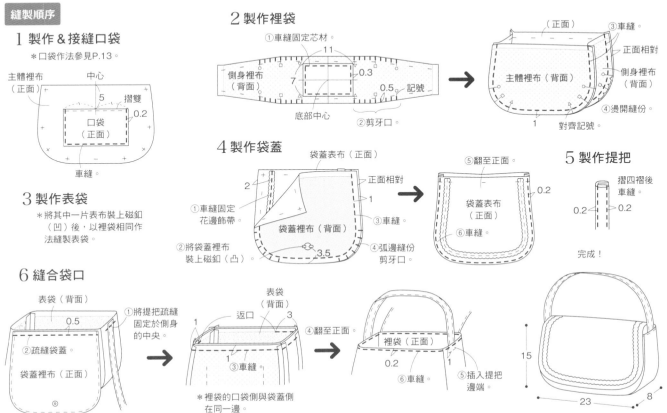

表袋（背面）
0.5
①將提把疏縫
固定於側身
的中央。
②疏縫袋蓋
袋蓋裡布（正面）

表袋
（背面）
返口
1
3
①
1
②疏縫袋蓋
1
③車縫

④翻至正面

裡袋（正面）
0.2
1
⑤插入提把
邊端。
⑥車縫

＊裡袋的口袋側與袋蓋側
在同一邊。

15
23
8

## 33

### 大加分！令人心動的浴衣搭配
### 圓底束口包

柔和豐潤的袋型與和服相得益彰。醒目的大流蘇，是突顯設計感的視線焦點！由於簡單易作，推薦搭配和服的花色多作幾個交替搭配。

How to make P.86
design & make：Needlework Tansy 青山惠子

手機＆短夾錢包都能輕鬆放入。

# 34

就算有很多隨身物品，也可以顯得清爽又可愛

## 祖母包

這款祖母包是將提把穿過裡布後再縫合底部，作法非常有趣。
請一定要嘗試製作唷。

How to make P.87
design & make：Needlework Tansy 青山惠子

超大容量，就算
加入採購的物品
也OK！

# 圓底束口包

（ P.84 ）

● **完成尺寸**
寬20×高25cm（不包含提把）

● **原寸紙型**
B面［33］－1底部

● **材料**
亞麻布（印花）…70×30cm
混亞麻布（紫色）…70×50cm
蠟繩…150cm
飾珠…2顆
流蘇…1個

---

**裁布圖＆尺寸**

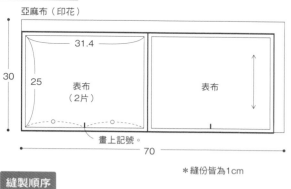

亞麻布（印花）

31.4

30

25

表布
（2片）

表布

畫上記號。

70

＊縫份皆為1cm

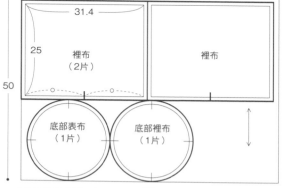

混亞麻布（紫色）

31.4

25

裡布
（2片）

裡布

50

底部表布
（1片）

底部裡布
（1片）

70

**縫製順序**

1 縫合袋口

1

正面相對　裡布（正面）

車縫。

表布（背面）

＊另一組也以相同作法製作。

2 縫合脇邊

正面相對

裡布（背面）

裡布
（正面）

10cm返口

①燙開縫份。

2　　　2

預留穿繩口　預留穿繩口
1.5cm。　　1.5cm。

1　　　　　1

表布
（正面）

表布（背面）

②車縫。

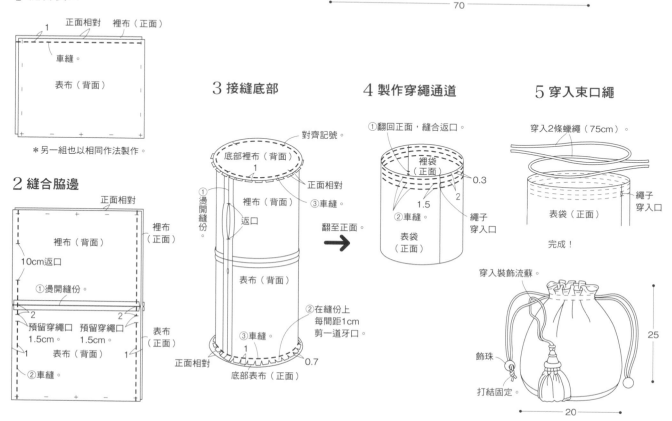

3 接縫底部

對齊記號。

底部裡布（背面）

1

①燙開縫份。

裡布（背面）

返口

正面相對

③車縫。

翻至正面。

表布（背面）

③車縫。

②在縫份上
每間距1cm
剪一道牙口。

正面相對

底部表布（正面）

1

0.7

4 製作穿繩通道

①翻回正面，縫合返口。

裡袋
（正面）

0.3

②車縫。

1.5

2

繩子
穿入口

表袋
（正面）

5 穿入束口繩

穿入2條蠟繩（75cm）。

表袋（正面）

繩子
穿入口

完成！

穿入裝飾流蘇。

25

飾珠

打結固定。

20

## 34

# 祖母包

（ P.85 ）

● **完成尺寸**
寬50×高37.5cm（不包含提把）

● **原寸紙型**
B面［34］－1表布・2裡布

● **材料**
USA棉布（紅花）…55×105cm
棉布（點點）…75×60cm
絨球裝飾帶…18cm
直徑17cm圓環提把…1組

**裁布圖＆尺寸**

USA棉布（紅花）

105

摺山

主體表布
（1片）

摺雙

55

棉布（點點）

60

主體裡布
（2片）

16
10.5
21
10.5

內口袋
（1片）

主體裡布

75

＊縫份皆為1cm。

**縫製順序**

### 1 將內口袋接縫於裡布

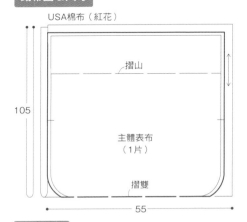

摺雙

1

返口7cm

①對摺＆
車縫。

正面相對

內口袋（背面）

②翻至正面。

內摺1 cm。

（正面）

③車縫固定
絨球裝飾帶。

5

7

（正面）

④車縫。

裡布（正面）

### 2 縫合表布＆裡布的袋口側

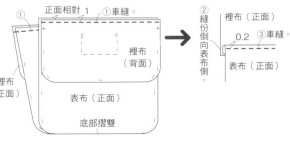

①

正面相對 1

①車縫。

裡布
（正面）

裡布
（背面）

表布（正面）

底部摺雙

②
縫
份
倒
向
表
布
側
。

裡布（正面）

0.2

③車縫。

表布（正面）

### 4 將提把分別穿過兩片
裡布後，縫合裡布

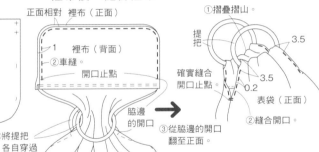

正面相對 裡布（正面）

1

裡布（背面）

②車縫。

開口止點

①將提把
各自穿過
裡布。

脇邊
的開口

表布（背面）

### 5 縫合開口

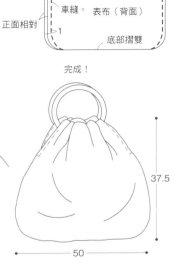

①摺疊摺山。

提
把

3.5

3.5

確實縫合
開口止點。

0.2

表袋（正面）

②縫合開口

③從脇邊的開口
翻至正面。

### 3 縫合表布的脇邊

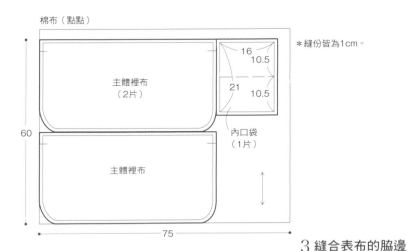

裡布（正面）

裡布（正面）

裡布（背面）

摺山

開口止點

表布
（正面）

車縫。

表布（背面）

正面相對

1

底部摺雙

完成！

37.5

50

{ 工作 }

*35*

———

方便整理＆使用
## 3way多功能腰間波奇包

藉由調整提把長度，可自由變化成腰包或肩背包。拆下提把後，
也可以當作波奇包使用。進行園藝插花＆手作DIY等工作時，可
將經常四散的工具整理得有條不紊。

How to make P.90
design ＆ make：服のかたちデザイン 岡田桂子

外側的裝飾帶可以夾上夾子，或掛毛巾。僅僅外側
就有四個口袋，剪刀、筆、手機等都能快速取放。

可調節提把長度，
依需求變換使用。

# 3way多功能腰間波奇包

（ P.88 ）

● **完成尺寸**

寬24×高19×側身2cm（不包含提把）

● **原寸紙型**

B面［35］－1袋蓋

● **材料**

11號帆布（珊瑚紅）…110cm寬×60cm
長25cm雙色塑鋼拉鍊…1條
寬2.5cm的魔鬼氈…10cm
內徑2.5cm塑膠問號鉤…2個
內徑2.5cm塑膠D型環…2個
內徑2.5cm塑膠插釦……1組
內徑2.5cm日型環…1個

---

**裁布圖＆尺寸**

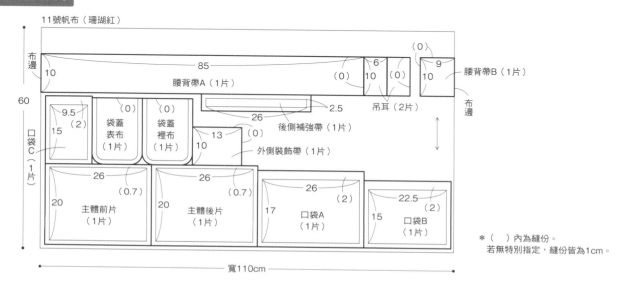

11號帆布（珊瑚紅）

布邊

10

85

腰背帶A（1片）

（0）

6

10

（0）

（0）

9

10

腰背帶B（1片）

吊耳（2片）

布邊

60

9.5 （0）（2）

15

袋蓋表布（1片）

袋蓋裡布（1片）

13 （0）

10

2.5

26

後側補強帶（1片）

外側裝飾帶（1片）

口袋C（1片）

26 （0.7）

20

主體前片（1片）

26 （0.7）

20

主體後片（1片）

26 （2）

17

口袋A（1片）

22.5 （2）

15

口袋B（1片）

＊（ ）內為縫份。
若無特別指定，縫份皆為1cm。

寬110cm

---

**縫製順序**

## 1 製作腰背帶・外側裝飾帶・D型環吊耳

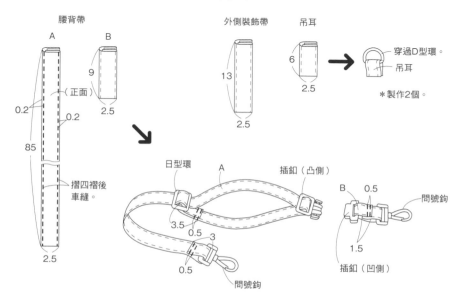

腰背帶

A B

9

（正面）

0.2

0.2

2.5

85

摺四褶後車縫。

2.5

外側裝飾帶

13

2.5

吊耳

6

2.5

穿過D型環。

吊耳

＊製作2個。

日型環

A

插釦（凸側）

3.5

0.5

3

0.5

問號鉤

B

0.5

問號鉤

1.5

插釦（凹側）

## 2 製作口袋A

0.8

三摺邊車縫。

1

口袋A（背面）

## 3 製作口袋B・C

① 修剪魔鬼氈（凸）邊角＆車縫於口袋B。
2.5
4
正面相對
1
③ Z字形車縫。
4
口袋C（背面）
4
8.5
B（正面）
② 夾車外側裝飾帶。

④ 車縫
0.2
C（正面）
⑤ 疏縫。
B（正面）
摺山
摺谷
0.5
4
外側裝飾帶
1.5　9　1.5　4.5
⑥ 以記號筆在摺山摺谷處作記號。

⑦ 口袋口三摺邊車縫。
0.8
⑧
1
B（正面）
⑨
⑧ 沿摺山邊車縫。
⑨ 沿摺谷邊車縫。
B（正面）0.2
0.2
B（背面）

## 4 製作袋蓋，車縫固定於主體前片

① 修剪魔鬼氈（凹）邊角。
7
2.5
0.2
2
② 車縫

袋蓋裡布（正面）
正面相對
1
袋蓋表布（背面）
③ 車縫
④ 在弧邊處的縫份上剪三角形牙口。

⑥ Z字形車縫。
⑦ 車縫。
0.2
袋蓋表布（正面）
⑤ 翻至正面。

Z字形車縫
袋蓋裡布（正面）
2.5
2
2
主體前片（正面）
1
⑧ 車縫

## 5 將主體前片車縫上口袋A・B・C

袋蓋裡布（正面）
主體前片（正面）
口袋A
口袋C（正面）
口袋B（背面）
0.8
① 於主體前片上重疊＆疏縫固定口袋A・B。

中心
0.5
② 車縫分隔線。
回針縫。

## 6 製作主體後片

① Z字形車縫。
3.5
3.5
② 疏縫
1
1
2.5
1
0.2
2.5
（正面）
③ 重疊＆車縫後側補強帶。
主體後片（正面）

完成！

## 7 車縫拉鍊

0.7
車縫。
拉鍊（背面）
主體前片（正面）
摺疊拉鍊邊端。
＊拉鍊另一側也以相同作法與主體後片縫合。

預先打開拉鍊。
① 車縫
正面相對
主體後片（背面）
1
1
② Z字形車縫。

主體後片（正面）
0.2
主體前片（正面）
車縫
0.2

## 8 車縫側身

脇邊
（背面）
2
車縫
縫份相互錯開。
翻至正面。

19
24
2

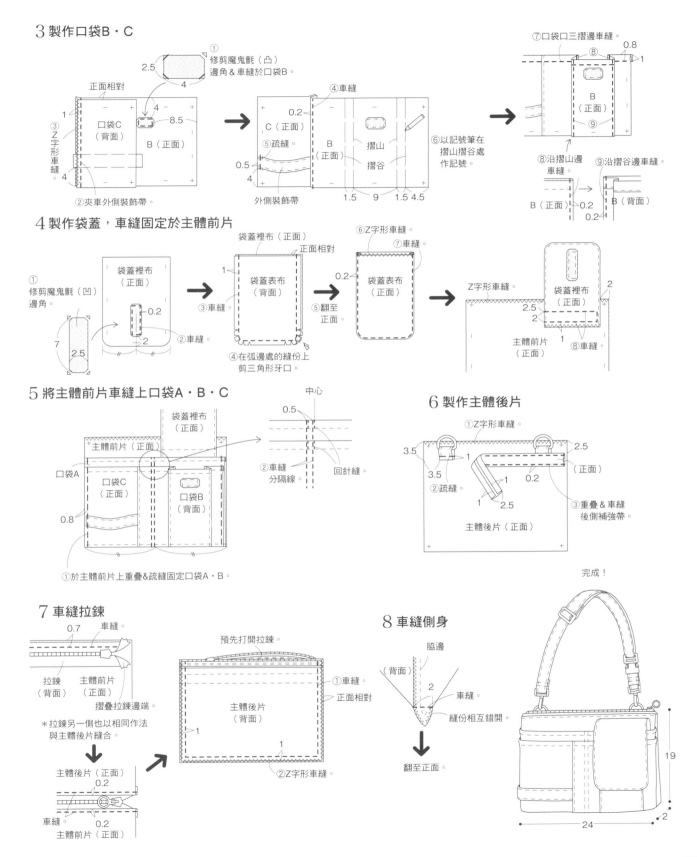

# 36

手作時光的最佳搭檔
## 多功能工具包

將整組的手作用具集中成一袋,就能輕鬆地攜帶移動。大容量的
寬底設計&大量的內外側分類口袋,都讓收納整理更加方便。

How to make P.94
design & make:mini-poche 米田亜里

為免袋口過於外敞，特以兩條細版的活動扣環帶稍
作固定。居無定所的小工具，想要使用的時候怎麼
也找不到——那就用這個工具包，從此告別雜亂尋
物的窘境吧！

# 多功能工具包

（ P.92 ）

● **完成尺寸**

寬30×高15×側身15cm（不包含提把）

● **原寸紙型**

B面［36］－1外口袋E

● **材料**

11號帆布（珊瑚紅）…寬110cm×100cm
寬1.5cm的人字織帶…70cm
內徑1.5cm塑膠D型環…4個

---

**裁布圖&尺寸**

11號帆布（珊瑚紅）

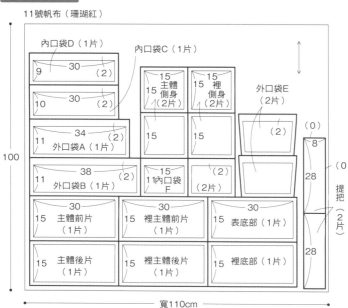

100

內口袋D（1片）
9 ─ 30 （2）
10 ─ 30 （2）
11 ─ 34 外口袋A（1片）（2）
11 ─ 38 外口袋B（1片）（2）
15 主體前片（1片） ─ 30
15 主體後片（1片） ─ 30

內口袋C（1片）
15 主體側身（2片） 15
15 15內口袋F ─ 15（2）
15 裡主體前片（1片） ─ 30
15 裡主體後片（1片） ─ 30

15 裡側身（2片）
15 15（2）
15 表底部（1片） ─ 30
15 裡底部（1片） ─ 15

外口袋E（2片）
（0）
（0）

8
28
提把（2片）
28

寬110cm

＊（ ）內為縫份。若無特別指定，縫份皆為1cm。

---

**縫製順序**

〈製作表袋〉

**1 製作外口袋A，接縫於主體前片**

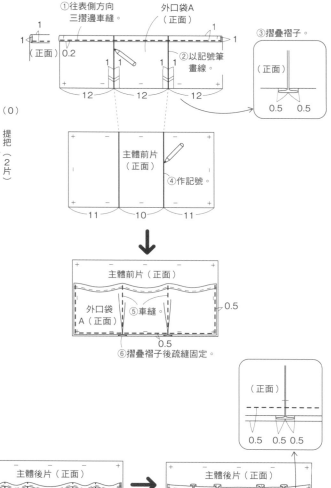

①往表側方向三摺邊車縫。
外口袋A（正面）
③摺疊褶子。
（正面）
0.5 0.5
1 （正面）
0.2
②以記號筆畫線。
12 12 12

主體前片（正面）
④作記號。
11 10 11

主體前片（正面）
外口袋A（正面）
⑤車縫。
0.5
0.5
⑥摺疊褶子後疏縫固定。

（正面）
0.5 0.5 0.5

---

**2 製作外口袋B，接縫於主體後片**

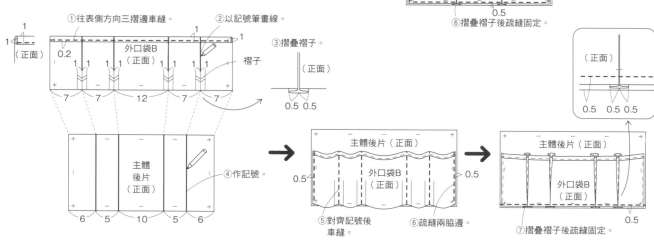

①往表側方向三摺邊車縫。
②以記號筆畫線。
③摺疊褶子。
1 （正面）
0.2
外口袋B（正面）
褶子
（正面）
0.5 0.5
7 7 12 7 7

主體後片（正面）
④作記號。
6 5 10 5 6

主體後片（正面）
外口袋B（正面）
0.5
0.5
⑤對齊記號後車縫。
⑥疏縫兩脇邊。

主體後片（正面）
外口袋B（正面）
0.5
⑦摺疊褶子後疏縫固定。

## 3 製作口袋E，接縫於主體側身

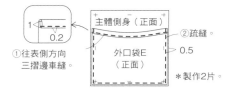

①往表側方向三摺邊車縫。
1
0.2
主體側身（正面）
②疏縫。
外口袋E（正面）
0.5
＊製作2片。

## 4 縫合主體側身＆表底部

②縫份倒向底側。
正面相對
主體側身（正面）
外口袋E（正面）
表底（正面）
主體側身（背面）
①車縫。
1

## 5 縫合主體前片・後片・步驟4

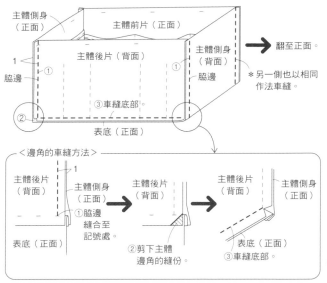

主體側身（正面）
主體前片（正面）
主體後片（背面）
主體側身（背面）
1
脇邊
脇邊
①
①
②
③車縫底部。
表底（正面）
翻至正面。
＊另一側也以相同作法車縫。

＜邊角的車縫方法＞
主體後片（背面）
主體側身（正面）
1
①脇邊縫合至記號處。
表底（正面）
主體後片（背面）
②剪下主體邊角的縫份。
主體後片（背面）
主體側身（正面）
表底（正面）
③車縫底部。

## 6 製作提把＆活動扣環帶，並接縫固定於表袋

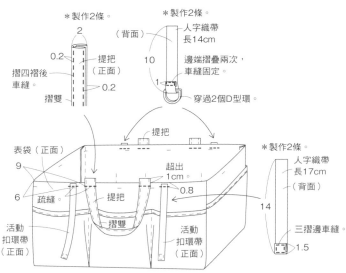

＊製作2條。
2
0.2
摺四褶後車縫。
摺雙
提把（正面）
0.2
＊製作2條。
（背面）
人字織帶長14cm
10
邊端摺疊兩次，車縫固定。
1
穿過2個D型環。
＊製作2條。
人字織帶長17cm
（背面）
14
三摺邊車縫。
1.5
提把
表袋（正面）
9
6
疏縫
提把
摺雙
超出1cm。
0.8
活動扣環帶（正面）
活動扣環帶（正面）

### 〈製作裡袋〉

## 1 裡主體接縫內口袋C・D，裡側身接縫內口袋F

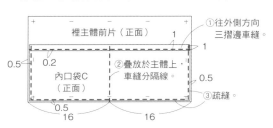

裡主體前片（正面）
①往外側方向三摺邊車縫。
1
1
0.5
0.2
內口袋C（正面）
②疊放於主體上，車縫分隔線。
0.5
③疏縫。
0.5
16
16

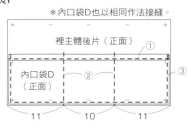

＊內口袋D也以相同作法接縫。
裡主體後片（正面）
①
內口袋D（正面）
②
③
11
10
11

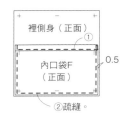

裡側身（正面）
①
0.5
內口袋F（正面）
②疏縫。

## 2 縫合裡側身＆裡底 ＊縫合方法參照表袋步驟4。

## 3 縫合裡主體前片・後片・步驟2。 ＊縫合方法參照表袋步驟5。

完成！

### 〈縫合表袋＆裡袋的袋口〉

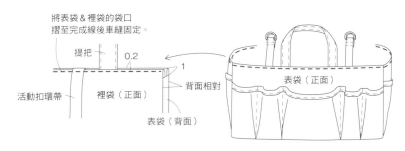

將表袋＆裡袋的袋口摺至完成線後車縫固定。
提把
0.2
1
活動扣環帶
裡袋（正面）
表袋（背面）
背面相對
表袋（正面）

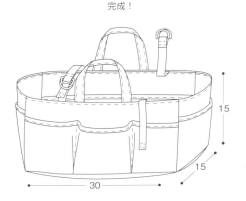

15
15
30

# *Part 3* 優異材質的包款

超耐髒、防撥水……等等，本單元介紹將素材的特性運用得淋漓盡致的包款。

內部兩側有夾層口袋，記事本、平板、筆電等，都能
擺放得整整齊齊。也有絕不可少的拉鍊口袋喔！

# 37

### 輕薄耐用的泰維克材質
## 公事包

外側使用泰維克材質，內側使用防水壓棉布，完成令人驚喜的
輕薄包款。具有防水防撞的優秀機能，辦公洽商也很推薦。

How to make P.98
design & make：服のかたちデザイン 岡田桂子

### 泰維克

也可當成建築材料使用的混玻璃化學纖維材質。質
感如紙般輕薄卻不易破，強度與防水性兼具。可像
布料一樣進行車縫。

# 公事包

（ P.96 ）

● **完成尺寸**

寬40×高30×側身6cm（不包含提把）

● **原寸紙型**

B面［37］－1主體

● **材料**

泰維克（藏青色）…145×75cm
牛津防水壓棉布…90×85cm
密織平紋布…50×50cm
寬2.5cm學院風織帶…200cm
長60cm的雙頭5號拉鍊…1條
長20cm的尼龍拉鍊…1條
寬2.5cm魔鬼氈…11cm
直徑0.9cm固定釦…8組

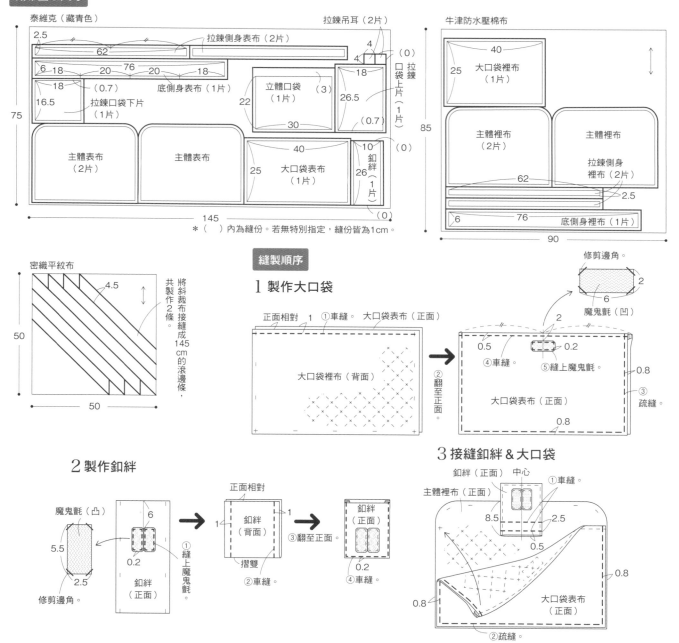

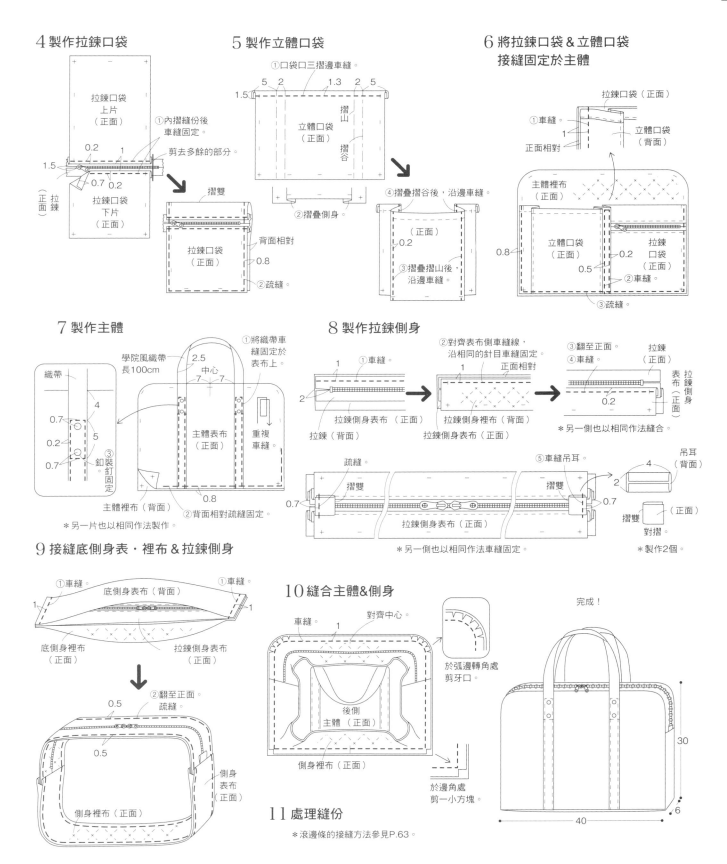

4 製作拉鍊口袋

拉鍊口袋
上片
（正面）
①內摺縫份後
車縫固定。
剪去多餘的部分。
0.2　1
1.5
0.7　0.2
（正面）拉鍊
拉鍊口袋
下片
（正面）
摺雙
背面相對
拉鍊口袋
（正面）
0.8
②疏縫

5 製作立體口袋

①口袋口三摺邊車縫。
5　2　1.3　2　5
1.5
立體口袋
（正面）
摺山
摺谷
②摺疊側身。

④摺疊摺谷後，沿邊車縫。
（正面）
0.2
③摺疊摺山後，
沿邊車縫。

6 將拉鍊口袋&立體口袋
接縫固定於主體

拉鍊口袋（正面）
①車縫。
1
正面相對
立體口袋
（背面）
主體裡布
（正面）
立體口袋
（正面）
拉鍊
口袋
（正面）
0.8
0.2
0.5
②車縫。
③疏縫。

7 製作主體

①將織帶車縫固定於表布上。
學院風織帶
長100cm
2.5
中心
7　7
織帶
4
0.7
0.2
5
0.7
③釦裝釘固定
主體表布
（正面）
重複車縫
主體裡布（背面）
0.8
②背面相對疏縫固定。
＊另一片也以相同作法製作。

8 製作拉鍊側身

①車縫。
1
2
拉鍊（背面）
拉鍊側身表布（正面）

②對齊表布側車縫線，沿相同的針目車縫固定。
1
正面相對
拉鍊側身裡布（背面）
拉鍊側身表布（正面）

③翻至正面。
④車縫。
拉鍊（正面）
表布拉鍊側身（正面）
0.2
＊另一側也以相同作法縫合。

疏縫
摺雙
0.7
拉鍊側身表布（正面）
⑤車縫吊耳。
摺雙
0.7
＊另一側也以相同作法車縫固定。

吊耳（背面）
4
2
摺雙
對摺
（正面）
＊製作2個。

9 接縫底側身表・裡布&拉鍊側身

①車縫。
底側身表布（背面）
①車縫。
1
1
底側身裡布（正面）
拉鍊側身表布（正面）

0.5
②翻至正面。疏縫。
0.5
側身裡布（正面）
側身表布（正面）

10 縫合主體&側身

車縫。
對齊中心。
1
於弧邊轉角處剪牙口。
後側主體（正面）
側身裡布（正面）
於邊角處剪一小方塊。

11 處理縫份
＊滾邊條的接縫方法參見P.63。

完成！
30
40
6

# 38

極輕薄，可捲收成迷你尺寸
## 摺疊式環保購物包

摺疊袋身後，以袋口的固定繩捲收成迷你尺
寸，放在外出包裡隨身攜帶吧！除了日用之
外，旅遊＆休閒時也非常活躍！

How to make P.102
design ＆ make：neconoco

泰維克材質非常堅固耐用，多次反覆摺疊
也OK。

# *39*

## 超強防撥水！
## 防水祖母包

防水布的防水性能非常優越，非常推薦作為雨天專用包使用。
提把是以織布沿袋口滾邊＆接縫而成，作法非常簡單。滾邊的
顏色可搭配表布花色統一色調，享受設計的樂趣。

How to make P.103
design & make：Needlework Tansy 青山惠子

### 防水布的車縫要點

樹脂加工的表側，在車縫時容易沾黏貼合於壓布腳上
難以前進，建議可以在壓布腳的底側＆車針上涂一層
矽膠劑。若還是無法改善沾黏，墊上一張描圖紙等的
薄紙一起車縫，車縫結束再撕下紙張即可，這也是一
個很好的處理方式。

兩側附有口袋。

# 摺疊式環保購物包

（P.100）

● 材料
軟式泰維克（自然原色）…86×45cm
寬2cm的尼龍人字織帶…250cm
直徑1.2cm的壓釦…1組

● 完成尺寸
寬33×高36cm×側身10cm（不包含提把）

---

**裁布圖＆尺寸**

軟式泰維克（自然原色）　　　　　　＊若無特別指定，縫份皆為1cm。

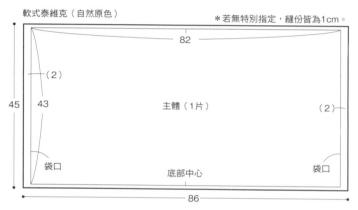

**縫製順序**

## 1 摺疊主體

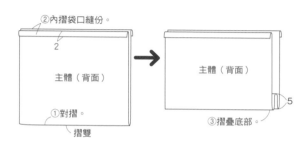

②內摺袋口縫份。
主體（背面）
①對摺。
摺雙
主體（背面）
③摺疊底部。

## 2 縫合脇邊

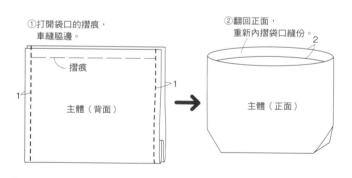

①打開袋口的摺痕，車縫脇邊。
摺痕
主體（背面）
②翻回正面，重新內摺袋口縫份。
主體（正面）

## 3 將提把＆固定繩疏縫於袋口

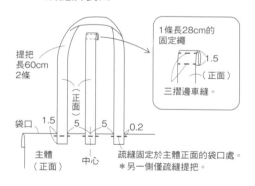

提把長60cm 2條
1條長28cm的固定繩
1.5
（正面）
三摺邊車縫。
袋口
1.5　5　5　0.2
主體（正面）
中心
疏縫固定於主體正面的袋口處。
＊另一側僅疏縫提把。

## 4 縫合袋口

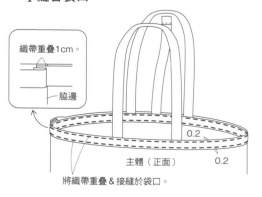

織帶重疊1cm。
脇邊
0.2
主體（正面）
0.2
將織帶重疊＆接縫於袋口。

## 5 於固定繩上裝釘壓釦

凹
凸
1.3
主體（正面）

完成！

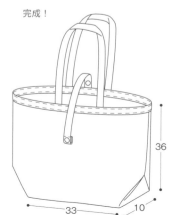

36
33　10

39

# 防水祖母包

（P.101）

● **材料**
防水布…100×50cm
棉麻布（小花）…65×65cm
民族風圖騰織帶…20cm
寬4cm壓克力棉織帶…170cm

● **完成尺寸**
寬28×高26×側身10cm（不包含提把）

● **原寸紙型**
B面［39］－1表布・2口袋・3裡布

---

**裁布圖&尺寸**

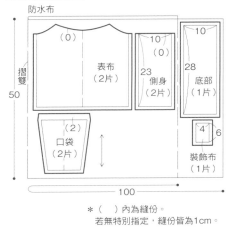

防水布

* （　）內為縫份。
若無特別指定，縫份皆為1cm。

棉麻布（小花）

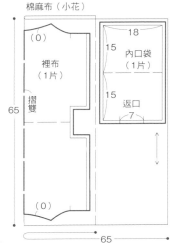

**縫製順序**

## 1 製作口袋，接縫於側身

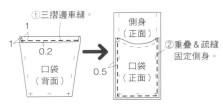

## 2 接縫側身&底部

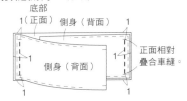

## 3 接縫表布&步驟2

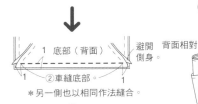

*另一側也以相同作法縫合。

③脇邊縫份倒向表布側，
底部縫份倒向底部側。

## 4 製作內口袋&接縫固定於裡布

*口袋的作法參見P.13－⑭。

將口袋翻回正面，
縫上民族風圖騰織帶。

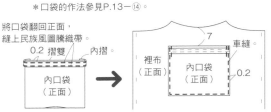

## 6 縫合袋口

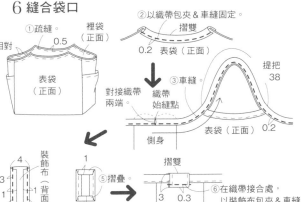

## 5 製作裡袋

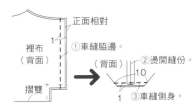

完成！

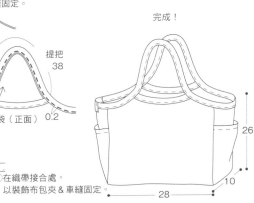

# *40*

### 以手作提袋作為精美的包裝
## 紅酒袋

內容物透明可見，以塑膠網狀編織的PVC夾網布製作適合紅酒瓶的細長提袋。以相同布料製作裝飾蝴蝶結，點綴於袋口更加分！直接作為贈禮包裝送出也很別緻。

How to make P.106
design & make：服のかたちデザイン 岡田桂子

### PVC夾網布

將織物以合成樹脂的膠膜，如三明治般夾在內裡製作而成的材質。常用於後臺布幕＆工地現場的防水墊等，是耐用性強、防髒污也非常優越的材質。裁剪後不怕鬚邊，車縫訣竅則請參照（P.4・P.101）「防水布的車縫要點」。

# *41*

真的是自己作的嗎？超驚艷！
## 手提包

以合成皮製成高級感十足，又兼具成熟女人味的手提包。因素材應用得宜，成品呈現出專業職人級般的品質，令人意外地看不出是個人的手作品。提把＆肩背帶搭配顯眼的花布，製作只屬於自己，獨一無二的手拿包吧！

How to make P.107
design & make：sewsew 新宮麻里

帥氣地掛在肩上，展現出成熟嫵媚又魅力十足的架勢！

# 40

## 紅酒袋

（P.104）

● 材料

PVC夾網布（塑膠材質）
　…寬120cm×30cm

● 完成尺寸

寬11.6×高34.5×側身10cm（不包含提把）

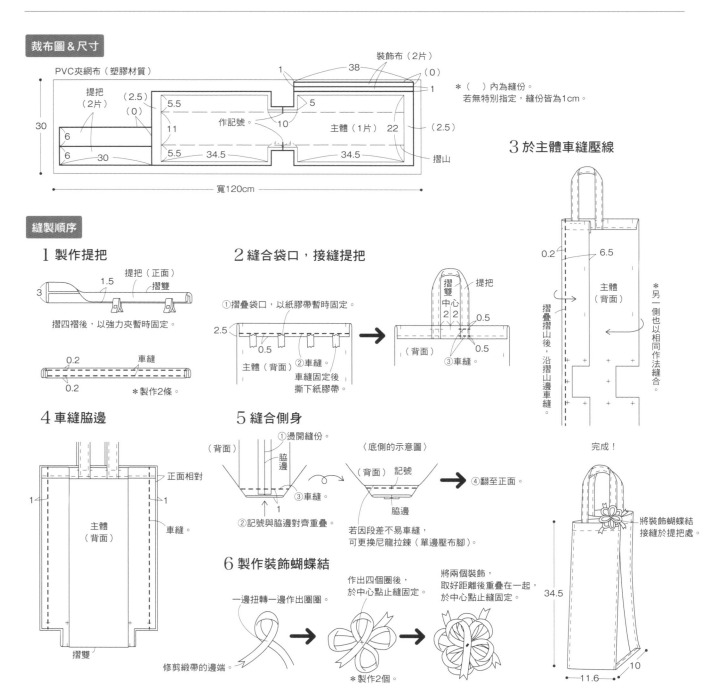

## 41

# 手提包

（P.105）

● **完成尺寸**

寬27×高18.5×側身6cm（不包含提把）

● **原寸紙型**

B面［41］－1主體・2袋蓋

● **材料**

合成皮（駝色）…90×40cm
緞面聚酯纖維（皺褶加工處理）…90×40cm
防水布（Liberty印花）…寬110cm×25cm
金屬轉鎖……1組
直徑1.1cm的固定釦…2組
內徑1.5cm的D型環…2個
內徑2cm的附D型環問號鉤…2個
內徑2cm的日型環…1個

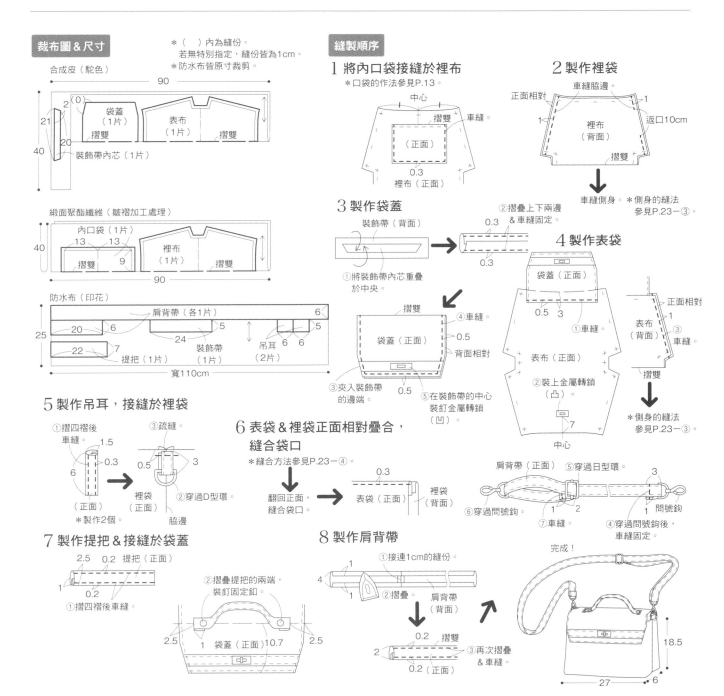

完整活用寬幅的家飾布
## 使用50cm直裁布的設計包款

經過精心計算的設計，50cm直裁布剛好可以全部使用。只要是144cm寬幅以上的布料，不管什麼材質都OK。特別推薦以個人鍾愛的印花布料製作，如此一來就完全不會浪費布料的花色了！

How to make P.110
design & make：mini-poche 米田亜里

內側附有
垂片口袋。

家飾布與普通布料的差異

主要用於製作窗簾或寢具等，布料幅寬都在140cm以上，與普通布料相比較寬，厚度也約是中厚以上。常見為國外輸入的舶來品布料。

# 43

## 一眼就能看出季節感！
## 2 way毛皮包

簡單車縫成袋狀，完成富有季節感的毛
皮包。兩脇邊縫上穿過D型環的吊耳，
可依自己的喜好更換鏈條或皮繩等。

How to make P.111
design & make：neconoco

將左右的D型環各自穿過繩索，
也可當成後背包。

### 人造皮草的縫製要領

以錐子將毛尾一邊向裡側壓入一邊車縫，就是縫製
的重點。車縫完成後，以錐子挑出夾在車縫線裡面
的毛尾。由於較難以珠針固定，推薦改以疏縫強力
夾暫時固定。

# 使用50cm直裁布的設計包款

（P.108）

● **材料**
STOF亞麻印花布（自然藍）…150×50cm
接著襯…66×5cm
寬1.1cm的滾邊條…250cm

● **完成尺寸**
寬30×高37×側身18cm（不包含提把）

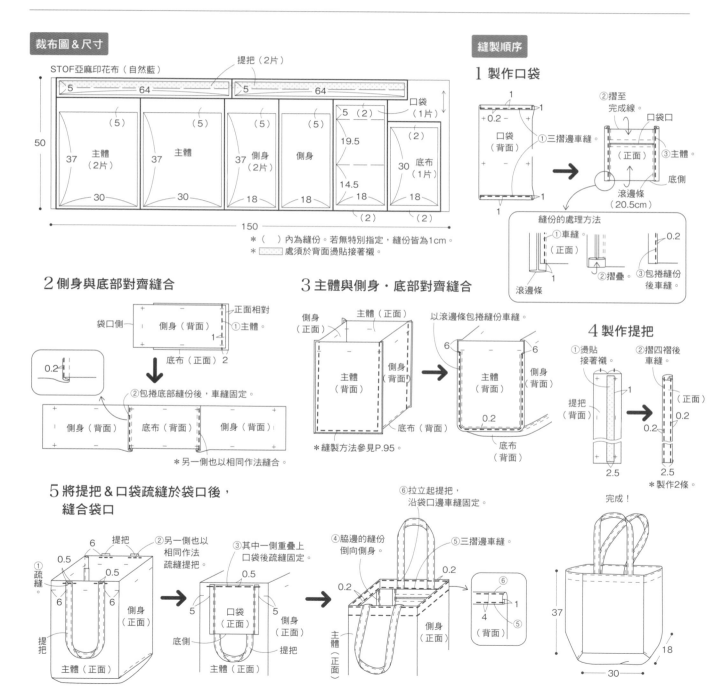

**裁布圖&尺寸**

STOF亞麻印花布（自然藍）
提把（2片）

主體（2片） 37 30
主體 37 30
側身（2片） 37 18
側身 18
5（2） 19.5 14.5 18（2）
口袋（1片）
底布（1片） 30 18（2）

150
50

* （ ）內為縫份。若無特別指定，縫份皆為1cm。
* ▨ 處須於背面燙貼接著襯。

**縫製順序**

**1 製作口袋**

①三摺邊車縫。
口袋（背面）
+0.2-
②摺至完成線。
口袋口
（正面）
③主體。
底側
滾邊條（20.5cm）

縫份的處理方法
①車縫（正面）
②摺疊
滾邊條
③包捲縫份後車縫。
0.2

**2 側身與底部對齊縫合**

正面相對
袋口側
側身（背面）
①主體。
底布（正面）2
0.2
②包捲底部縫份後，車縫固定。
側身（背面） 底布（背面） 側身（背面）
* 另一側也以相同作法縫合。

**3 主體與側身・底部對齊縫合**

側身（正面）
主體（正面）
以滾邊條包捲縫份車縫。
主體（背面）
側身（背面）
底布（背面）
6 6
主體（背面）
側身（背面）
0.2
底布（背面）
* 縫製方法參見P.95。

**4 製作提把**

①燙貼接著襯。
提把（背面）
②摺四褶後車縫。
（正面）
1 0.2 0.2
2.5 2.5
* 製作2條。

**5 將提把&口袋疏縫於袋口後，縫合袋口**

①疏縫。
提把
6
0.5
0.5
6 6
提把
主體（正面）
②另一側也以相同作法疏縫提把。

③其中一側重疊上口袋後疏縫固定。
0.5
5 口袋（正面） 5
側身（正面）
底側
主體（正面）
提把

④脇邊的縫份倒向側身。
0.2
⑤三摺邊車縫。
0.2
主體（正面）
側身（正面）

⑥拉立起提把，沿袋口邊車縫固定。
⑥
1
4
⑤
側身（背面）

完成！
37
18
30

43

# 2 way毛皮包

（P.109）

● **完成尺寸**
寬28×高25×側身5cm（不包含提把）

● **材料**
人造皮草……80×40cm
聚酯纖維材質……80×40cm
接著襯…8×2cm
直徑1.5cm的磁釦…1組
內徑1.2cm的D型環…2個
幅寬0.5cm的皮繩…200cm
長90cm的附問號鉤鏈條…1條

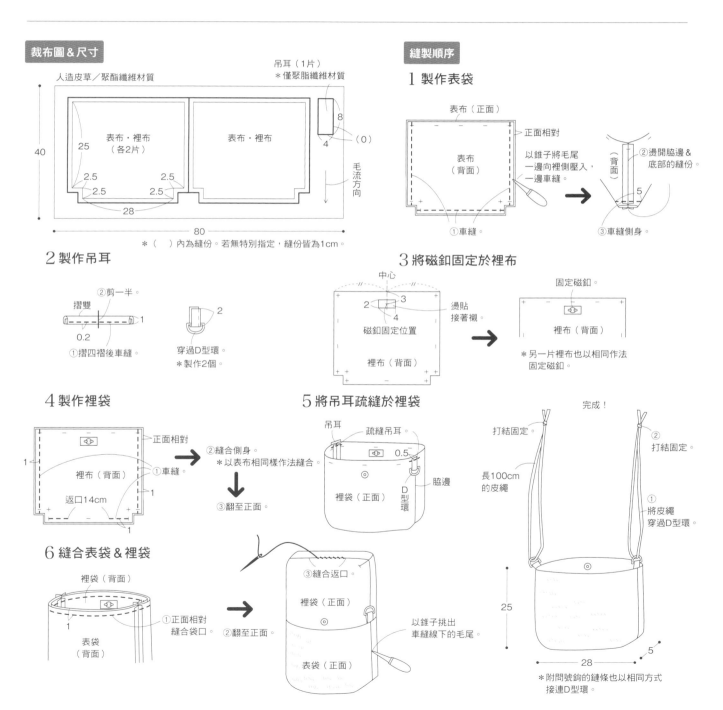

**裁布圖＆尺寸**

人造皮草／聚酯纖維材質

吊耳（1片）
＊僅聚酯纖維材質

表布・裡布
（各2片）

表布・裡布

40

25

2.5　2.5
2.5　2.5

28

80

8
4　（0）

毛流方向

＊（　）內為縫份。若無特別指定，縫份皆為1cm。

**縫製順序**

**1 製作表袋**

表布（正面）

正面相對

表布（背面）

以錐子將毛尾一邊向裡側壓入，一邊車縫。

①車縫。

（背面）

②燙開脇邊＆底部的縫份

5

③車縫側身。

**2 製作吊耳**

摺雙

②剪一半。

①摺四褶後車縫。

0.2

1

2

穿過D型環。
＊製作2個。

**3 將磁釦固定於裡布**

中心

2　3
4

磁釦固定位置

裡布（背面）

燙貼接著襯。

固定磁釦。

裡布（背面）

＊另一片裡布也以相同作法固定磁釦。

**4 製作裡袋**

正面相對

裡布（背面）

返口14cm

1

①車縫

1

②縫合側身。
＊以表布相同樣作法縫合。

③翻至正面。

**5 將吊耳疏縫於裡袋**

吊耳

疏縫吊耳。

0.5

裡袋（正面）

脇邊

D型環

**6 縫合表袋＆裡袋**

裡袋（背面）

1

表袋（背面）

①正面相對縫合袋口。

②翻至正面。

③縫合返口。

裡袋（正面）

表袋（正面）

以錐子挑出車縫線下的毛尾。

完成！

打結固定。

長100cm的皮繩

25

28

②打結固定。

①將皮繩穿過D型環。

5

＊附問號鉤的鏈條也以相同方式接連D型環。

【Fun手作】135

# 因需求而製作の43款日常好用手作包
## 基本袋型＋設計款

授　　　　權／日本VOGUE社
譯　　　者／駱美湘
發　行　人／詹慶和
總　編　輯／蔡麗玲
執　行　編輯／陳姿伶
編　　　輯／蔡毓玲・劉蕙寧・黃璟安・陳昕儀
執　行　美編／韓欣恬
美　術　編輯／陳麗娜・周盈汝
內　頁　排版／造極
出　　　版　者／雅書堂文化事業有限公司
發　　　行　者／雅書堂文化事業有限公司
郵政劃撥帳號／18225950
戶　　　　名／雅書堂文化事業有限公司
地　　　　址／220新北市板橋區板新路206號3樓
網　　　　址／www.elegantbooks.com.tw
電　子　郵件／elegant.books@msa.hinet.net
電　　　　話／(02)8952-4078
傳　　　　真／(02)8952-4084

2019年7月初版一刷　定價／420元

KAITEIBAN SUGUREMONO BAG (NV70488)
Copyright © NIHON VOGUE-SHA 2018
All rights reserved.
Photographer：Yukari Shirai, Noriaki Moriya
Original Japanese edition published in Japan by NIHON
VOGUE Corp.
Traditional Chinese translation rights arranged with NIHON
VOGUE Corp.
through Keio Cultural Enterprise Co., Ltd.
Traditional Chinese edition copyright © 2019 by Elegant Books
Cultural Enterprise Co., Ltd

經銷／易可數位行銷股份有限公司
地址／新北市新店區寶橋路235 巷6 弄3 號5 樓
電話／(02)8911-0825
傳真／(02)8911-0801

國家圖書館出版品預行編目資料

因需求而製作の43款日常好用手作包：基本袋型＋設計款 / 日本VOGUE
社授權；駱美湘譯.
-- 初版. -- 新北市：雅書堂文化, 2019.07
　　面；　公分. -- (Fun手作 ;135)
　ISBN 978-986-302-499-6(平裝)

1.手提袋 2.手工藝

426.7　　　　　　　　　　　　　　　　　108008823

## *Design & Make*

・服のかたちデザイン 岡田桂子
https://fukunokatatidesign.com/

・dekobo工房 くぼでらようこ
http://www.dekobo.com/

・komihinata 杉野未央子
http://blog.goo.ne.jp/komihinata

・mini-poche 米田亜里
http://minipoche.cocolog-nifty.com/

・Needlework Tansy 青山恵子
http://www.needlework-tansy.com/

・sewsew 新宮麻里
http://blog.goo.ne.jp/sewsew1

・yu*yu おおのゆうこ
http://blog.goo.ne.jp/yu-yu-rainbow

## *Staff*

攝影／白井由香里（插圖彩頁・作法）
　　　森谷則秋（作法）
美術監督／大薮胤美（Phrase）
書籍設計／福田礼花（Phrase）
造型／西森萌
模特兒／平地レイ
作法解説・型紙繪圖／しかのるーむ
編輯協助／笠原愛子
編輯／加藤みゆ紀

### 用具
・CLOVER
大阪府大阪市東成区中道3丁目15番5号
http://www.clover.co.jp/

・KAWAGUCHI
東京都中央区日本橋室町4-3-7
https://www.kwgc.co.jp/

### 布料・五金等
・INAZUMA（植村）
京都府京都市上京区上長者通黑門東入
http://www.inazuma.biz/

・神戸レザークロス
http://20160907.shop67.makeshop.jp/

・角田商店
東京都台東区鳥越 2-14-10
http://shop.towanny.com/

・Needlework Tansy
茨城県土浦市中央1丁目12-15

・日本紐釦
大阪市中央区南久宝寺町1丁目9番7号
http://www.nippon-chuko.co.jp/

・ネスホーム
https://www.rakuten.ne.jp/gold/nesshome/

・fabric bird
https://www.fabricbird.com/

・ホームクラフト
東京都江東区新大橋1丁目8番2号
新大橋リバーサイドビル101　5階
http://homecraft.co.jp/

### 攝影協助
・AWABEES